我的第一本
猫咪健康
饮食书

蓝 炯 编著

U0242218

中国轻工业出版社

图书在版编目（CIP）数据

我的第一本猫咪健康饮食书 / 蓝炯编著. — 北京：
中国轻工业出版社，2024.7

ISBN 978-7-5184-4606-3

Ⅰ . ①我… Ⅱ . ①蓝… Ⅲ . ①猫—驯养 Ⅳ .
① S829.3

中国国家版本馆 CIP 数据核字（2024）第 058058 号

责任编辑：程　莹　　责任终审：高惠京　　设计制作：锋尚设计
策划编辑：程　莹　　责任校对：朱燕春　　责任监印：张　可

出版发行：中国轻工业出版社（北京鲁谷东街5号，邮编：100040）
印　　刷：北京博海升彩色印刷有限公司
经　　销：各地新华书店
版　　次：2024年7月第1版第1次印刷
开　　本：710×1000　1/16　印张：9.5
字　　数：160千字
书　　号：ISBN 978-7-5184-4606-3　定价：49.80元
邮购电话：010-85119873
发行电话：010-85119832　010-85119912
网　　址：http://www.chlip.com.cn
Email：club@chlip.com.cn

2019年，我在中国轻工业出版社出版了《狗狗的健康吃出来》一书，和读者分享了我的健康养狗理念，以及10多年来自制狗饭的经验。该书出版后很受欢迎，很快就多次重印。于是，编辑老师建议我写一本《猫咪的健康吃出来》。还有一些"猫狗双全"的读者，在看到《狗狗的健康吃出来》之后，也希望我能写一本关于猫咪健康饮食的书。然而，一开始我是拒绝的，因为那个时候虽然我已经认识到商业猫粮对猫咪健康的坏处，开始给我家的几只猫进行生骨肉喂养，但是我觉得猫咪的喂养很简单，只要给它们吃各种肉就可以了，根本不需要什么食谱，更不需要为读者写一本书。

大约在25年前，我收养了人生中的第一只猫，名叫小白。我当时没有经验，加上工作也忙，根本没有精心研究过猫咪的饮食问题，只是想当然地认为猫咪是吃鱼的，就从菜场买2块钱一斤的小杂鱼煮熟了喂给它吃。那时我还觉得小白很奇怪，2块钱一斤的小杂鱼吃得很欢，我有时候应酬打包回来的我认为很高级的鱼和肉却碰都不碰。后来我才知道，猫咪的饮食习惯是从小养成的。如果断奶后只吃单一的食物，猫咪长大后就很难接受新的食物。

2013年3月，我捡到了一窝还没有断奶的小奶猫，带回家养。它们断奶以后，我就开始给它们喂猫粮。那个时候，如何能让它们多喝水，一直是我最头疼的问题。我试过网上能查到的各种方法，包括用猫咪饮水机，在它们行动路径上到处设饮水点，甚至特意把我喝水的杯子不盖杯盖放在桌上引诱它们来喝，但是效果都不是很好。大概在它们1岁的时候，其中的一只猫咪"踏雪"出现了频繁上厕所，尿液带点粉红色的下泌尿道疾病症状。那时，我正好看到了汤姆·郎斯戴尔（Tom Lonsdale）写的《生骨肉促进健康》（*Raw Meaty Bones Promote*

Health）一书，了解到吃商业猫粮容易让猫咪患上下泌尿道疾病。我非常认同书中的理念，于是开始给家里的猫咪改喂生骨肉。我还记得刚开始给它们喂的是带鱼尾巴。我费了很大的力气，终于让它们接受了这种全新的食物。后来我又为它们增加了鸡胸肉、鸭胸肉和兔肉，它们很快就喜欢上了这些天然食物。自从开始吃生骨肉，它们就几乎不再喝水了，但是，小便的量反而比以前要多，并且踏雪的病再也没有复发过。今年这批猫咪已经11岁了，其中的席小小还是公猫，但是没有一只再出现过下泌尿道疾病的症状。

但是，我还是有点担心它们的喝水问题。一次偶然的机会，我做了鲫鱼汤给猫主子们喝，没想到大受欢迎。从此，我"开了窍"，开始给它们做各种汤，而在大多数情况下它们也都很赏脸。在这之后，虽然它们还是不喝我放在水盆里的水，但是我再也不需要担心了，因为它们喝的汤已经能够满足其身体需求了。这么多年来喂我家猫主子们各种汤的经验，就汇集成书中的汤谱，与读者分享。

2020年的冬天，我又收养了一只3个月左右的流浪猫，起名腊月。可能是因为从小流浪吃百家饭的关系，腊月对于我家的饭食来者不拒，什么都吃得很香。为了能让腊月在我家过得幸福，我变着法子给它做好吃的。因为腊月，我家的食谱一下子增加了很多，除了以前常给猫主子们吃的鸡胸肉、鸭胸肉、兔肉，又增加了牛肉、海鲜、河鲜等。书中的生骨肉和熟自制食谱大多是当初为腊月开发的。而第一批收养的几只猫咪，这时已经7岁了，虽然

"铲屎官"
在叫我们?

7岁之前，它们有很多食材从来没有尝试过，但这时给它们喂食毫不费力。这也充分说明，猫咪小时候尝试越多的食物品种，长大后就越容易接受新的食物品种。

2022年的夏天，机缘巧合，我收养了一只刚满月的小流浪猫"小心心"。小心心刚来的时候患有严重的猫鼻支，因为鼻子被脓鼻涕堵塞，闻不到气味，不肯进食。然而，后来痊愈之后，它简直就变成了一只"狗猫"：不但给它的食物照单全收，还会经常到灶台上偷吃。因为它不挑食，我无意中尝试给它吃点蔬菜，它竟然也吃得很香。在收养小心心之前，我从来没有给家里的猫咪喂过蔬菜，只是给它们吃猫草。但是我嫌自己种猫草麻烦，直接从网上买种好的猫草又觉得有点贵，并且一不留心还会出现猫草"断供"。受到小心心的启发，我开始尝试给家里的其他猫咪吃各种蔬菜，渐渐地，我找到很多它们愿意接受的蔬菜。这下就简单多了，在没有猫草的时候我就会给猫主子们吃蔬菜，我的"猫草焦虑症"一下子消失得无影无踪。

好像在说我们吃饭的事。

然而，就在我觉得喂猫吃饭喝水已经是一件很简单的事情的同时，我也发现，对于很多猫友来说，却并非如此。比如，我曾经遇到过很多生病的猫咪，有的患有严重肾衰，有的患有猫传腹（猫传染性腹膜炎），有的患有胃溃疡，还有的患有常见的毛球症，这些猫咪都会出现食欲不振的情况。这时，我们就不应该再给它们喂干硬的猫粮，而应该喂一些容易消化的食物，比如肉糜、鱼糜，有时候需要添加一些富含膳食纤维的食物来促进猫咪胃肠道蠕动，比如南瓜泥等。但是，这些对于我家猫咪来说非常美味的食物，对于这些从小只吃猫粮的猫咪来说却好像是"毒药"，它们宁愿拒食，也不愿意尝试这些健康食物。还有很多年纪轻轻却已经因为尿路结石去过好几次医院的猫咪，虽然主人知道最好的预防方法是多给猫咪喝水，但无奈的是倔强的猫咪就是不愿意喝水。如何让猫咪多喝水也是困扰很多猫咪主人的大问题。还有的猫咪从小吃商业猫粮，现在主人虽然已经意识到生骨肉对于猫咪来说是最健康的食物，但给猫咪转换食物总是以失败告终。

不过，我的身边也有不少可喜的例子。有一个朋友在领养一只橘猫"阿咪"之前，就向我咨询猫咪健康饮食的问题，在阿咪到家后，就开始给它喂生骨肉，几乎没有遇到任何阻力，现在阿咪养得非常健康。另外一个朋友的猫咪"腰果"，在6岁以前一直吃猫粮，曾经因为毛球症而患胃溃疡出血，朋友在听了我的建议后，经过不懈努力，终于胜利转换成生骨肉喂养。

我意识到，我喂养猫咪的这些经验如果写成书，或许能够帮助很多猫咪和它们的主人，于是就有了呈现在读者面前的这本书。希望您和您家的猫咪能够喜欢这本书。

蓝　炯

铲屎官们的常见疑问

问 我不懂宠物营养知识，给猫咪吃生骨肉和自制猫饭会营养不均衡吗？

答 猫咪是专性食肉动物，对碳水化合物的消化能力有限，以肉食为主，不以谷物等碳水化合物为主喂养猫咪就不会有大问题。猫咪所需要的各种维生素和矿物质，在生骨肉里面都有，不用担心。当然，如果能仔细阅读本书，注意一些喂养的重点，就更好了。

问 猫咪吃生骨肉会感染寄生虫吗？

答 见第3章"各种猫粮的优缺点"第二节"生骨肉的优缺点"。

问 猫咪吃生骨肉会感染细菌吗？

答 见第3章"各种猫粮的优缺点"第二节"生骨肉的优缺点"。

问 我家猫咪只爱吃猫粮，不吃我准备的生骨肉和自制猫饭怎么办？

答 见第12章"让猫咪饮食多样化的重要性"第三节"如何让只吃猫粮的猫咪爱上健康饮食"。

问 我家猫咪不爱喝水怎么办？

答 见第8章"饮水也很重要"第三节"如何让猫咪多喝水"。

致谢

感谢摄影师吴炜杭，为我家毛孩子们留下了许多美好生动的珍贵瞬间。

感谢施小江叔叔和曹沁澍阿姨为我独立拍摄猫咪饭食照片进行了耐心而专业的指导。

感谢所有为了自己的爱猫咨询过我的猫友，是你们对猫咪的爱让我感受到写这本书的意义。

感谢我家全体猫主子们的辛勤试吃，书中所有的食材和食谱全部经过我家猫主子们的亲自检验。

感谢走进我生命中的所有猫咪：小白、Sandy一家、小熊、大熊、席小小、小花、踏雪、腊月和小心心。

很多人认为我为家里的毛孩子们付出了太多，我却认为这一切都非常值得，因为我从它们那里也得到了很多。我所有的关于猫狗方面的实践知识都是它们教会我的，对此我心怀感激。感恩有缘跟我遇到的所有毛孩子们，无论是已经在天堂的，还是仍然"承欢膝下"的。我们的相遇始终是一场双向奔赴。

感谢喵

席小小 11岁

2013年3月1日，眼睛还未睁开的席小小和其他4个兄弟姐妹因为猫妈妈出了车祸而躺在路边嗷嗷待哺，被我带回家人工喂养。现在的席小小是当之无愧的"猫老大"，宽容有爱，带大过8只小奶狗和2只小奶猫，能上山，会爬树，还会吓唬大狗。11岁的席小小，虽然睡觉时间明显比年轻时候多了，但是跟我出门照样生龙活虎，一点也不显老。

小花 11岁

席小小的同胞姐姐，最喜欢趴在我腿上取暖，最警惕。每次吃饭前都要四下反复检查，确认没有陌生气味才肯上桌。害怕陌生人，很喜欢大自然。每年跟我进山度假，都会在山上的大石头上睡一整天才回家。

腊月 4岁

2020年11月19日晚上在我遛狗的时候赖上了我。那时候才3个月左右，却已经在小区流浪了很久，社会经验丰富，不怕人。是第一个我精心训练过的喵星人。会像狗一样表演坐下、握手、转圈、跳高等动作，还会听口令前来。喜欢和狗狗们一起散步。是一只狗里狗气的猫。

小心心 2岁

2022年8月9日被好心人陈老师捡到，因为猫鼻支严重，不进食，被送到我家暂养。后来陈老师每次准备接它回去的时候，它都会生病，最后凭实力碰瓷，领取了我家的长期饭票。小心心最大的特长就是偷吃。为了偷吃，它研究出如何开厨房门、开电饭煲、开烤箱、开垃圾桶等。反正，只要有吃的，无论你藏在哪里，它都能想办法弄出来。是我家的"拉不拉喵"。

目录

猫咪的营养需求

关于商业猫粮

各种猫粮的优缺点

哪些食物猫咪不能吃

吃多少才健康

猫咪的饮食偏好

猫草

饮水也很重要

自制猫咪汤谱

自制猫咪食谱

特殊阶段猫咪的饮食要点

让猫咪饮食多样化的重要性

1

猫咪的营养需求

猫咪消化系统的特点

猫咪是专性食肉动物，它可以完全利用肉类，而不需要依靠碳水化合物来满足身体对于营养和能量的需求，其消化系统具有典型的食肉动物的特点。

1　猫咪的牙齿不能用来咀嚼（臼齿表面光滑，没有用于研磨和咀嚼的咬合面），只能用来咬穿和撕裂食物。

2　猫咪的唾液中不含淀粉酶；而胰腺中的淀粉酶含量也较低，因此猫咪无法消化大量淀粉。

3　猫咪的肠道很短，是典型的食肉动物的肠道，能够在肉类腐败之前完成消化吸收并排出肠道，不能消化大量的植物纤维。

4　猫咪自身无法合成牛磺酸，必须从动物性食物中获得（生的肉类中含有大量牛磺酸）。

猫咪对营养物质的需求特点

1 高动物蛋白。

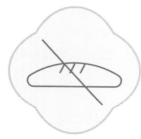

2 无碳水化合物，或低碳水化合物。

3 喜欢并且能够消化利用大量脂肪。

4 需要少量植物成分作为膳食纤维来源，刺激胃肠道蠕动。

5 主要从食物中摄取水分，不爱喝水。

第三节

猫咪健康饮食的标准

1 以动物性食物为主要来源。

2 富含水分。

3 含有一定的膳食纤维。

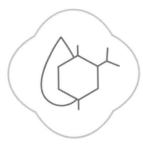

4 富含牛磺酸（天然来源：生肉）。

5 形态上适合撕咬，无须咀嚼。

关于商业
猫粮

第一节

颗粒猫粮十宗罪

记得我小时候，邻居家老奶奶养着一只黄色的老猫。老奶奶总是到菜场鱼摊上讨些人家不要的鱼鳃、鱼肠之类的下水，回家和冷饭一起煮了给老猫吃。除了吃老奶奶煮的饭，老猫还经常会自己去抓老鼠来吃。这样养猫，不费钱，猫咪活得也挺久。

但是，现在随着养宠物猫的人越来越多，老奶奶的这种养猫方式被摒弃了，很多人已经被各种商业宣传灌输了养猫就要给猫咪吃猫粮的观念。更令我担忧的是，在很多经济条件不是很好的农村地区，也有给猫咪喂猫粮的趋势，而这些地区的猫主人，因为经济条件和资讯受限，根本不知道猫粮还有优劣之分，一般就是买最便宜的猫粮给猫咪吃。

长期给猫咪吃猫粮，虽然对主人来说省时省力，但会给猫咪带来很多健康隐患。

1 含水量少，矿物质含量高，猫咪易患尿路结石

猫咪的祖先是来自非洲沙漠的野猫。为了适应缺水干旱的环境，猫咪早已进化出不爱喝水、浓缩尿液的本领。猫咪的天然食物——老鼠、小鸟、野兔等小动物体内所含的水分（含水量约70%）已经基本能够给猫咪的身体提供所需的水分。

而颗粒猫粮含水量只有10%左右，近几年新流行的冻干猫粮，含水量更低。同时，由于加工工艺的限制，猫粮中往往会添加过多的矿物质。猫粮矿物质含量高、含水量低，如果猫咪不爱主动喝水，很容易患尿路

结石。尿道狭窄的公猫更容易因为结石堵塞尿道而引起尿闭，如果不及时送医院救治，会有生命危险。

很多猫咪在1～2岁时就出现尿频、尿血等尿路感染的症状，严重的甚至发生尿闭，很多都是因为吃猫粮导致的。我家猫咪早期也是只吃猫粮，结果其中一只猫咪"踏雪"在1岁时出现尿频和尿血的情况，后来它们的饮食改成了以生骨肉为主的饮食，现在这一批猫咪已经11岁了，再也没有发生过此类现象。

2 遇水体积膨胀，容易导致呕吐，继而导致食管炎

正常情况下，当动物的胃容量基本被食物填满，就会向大脑发出"我已经吃饱了，可以停止进食"的信号，以避免摄入过多的食物。

但是，由于颗粒猫粮含水量很少，当猫咪吃颗粒猫粮感觉到饱而停止进食的时候，往往已经摄入了过多的猫粮，这些猫粮被胃液浸泡膨胀后，会大大超过胃的正常容量，从而导致呕吐。

所以，我们经常会看到猫咪在进食猫粮后不久，呕吐出一团完全没有被消化的猫粮。虽然这本身不是病，但是经常呕吐，酸性的胃液会腐蚀食管，容易导致食管炎。

3 碳水化合物含量高，容易导致胰腺炎、肥胖

普通的颗粒猫粮都含有较多的碳水化合物，这会给猫咪的胰腺带来很大负担，容易导致胰腺炎。同时，太多的碳水化合物会在体内转化成脂肪堆积起来，容易导致猫咪肥胖，而肥胖又容易引起心脏病、糖尿病等多种疾病。

4 蛋白质含量低、质量差，加重肠胃和肝肾负担

有很多颗粒猫粮，尤其是价格较低的产品，蛋白质含量低，且劣质蛋白多，会加重肠胃和肝肾负担。

5 人工添加维生素、矿物质等营养成分，容易添加过量或不足

颗粒猫粮在加工过程中会破坏食物中原有的维生素、矿物质等营养成分，必须靠人工添加才能弥补，而人工添加又往往会过量或不足（大多数情况下是添加过量），从而影响猫咪的健康。最常见的就是矿物质添加过量，加上含水量少，很容易导致长期吃猫粮的猫咪患上尿路结石。

6 含有其他化学添加剂，容易引发肝肾疾病甚至癌症

猫粮中常见的化学添加剂有以下几种。

除草剂

猫粮中的玉米等谷物原料非常容易霉变（一般来说，添加在宠粮中的谷物都是人类不能食用的劣等品，霉变概率更高），如果产生毒性很高的黄曲霉毒素，会导致猫咪肝肾衰竭并死亡。因此，厂家一般会采取喷洒除草剂的方法来处理谷物中的黄曲霉毒素，这样猫粮中就不可避免地含有除草剂。这也是现在一些优质宠粮生产厂家推出"无谷粮"的原因之一。

抗氧化剂

为了提高猫粮的适口性，厂家会在猫粮颗粒外喷上一层油脂。但是，油脂曝露在空气中很容易氧化酸败，即变质。为了延长猫粮保质期，厂家会在配方中添加抗

氧化剂。抗氧化剂有天然的，也有合成的。

天然的抗氧化剂维生素E，对猫咪无害。但遗憾的是，维生素E本身也非常容易氧化，而且抗氧化性能远低于合成的抗氧化剂。因此，一些优质的天然粮会使用维生素E等天然抗氧化剂，但是保质期就要比使用化学抗氧化剂的短。

而很多厂家为了延长产品的保质期，只能依赖化学抗氧化剂。虽然这些化学抗氧化剂在人类的加工食品中也在使用，例如方便面中就有化学抗氧化剂，但是没有人会每天、每顿，连续几年、十几年都吃方便面，而很多猫咪是从断奶开始就一直以猫粮为食的！

此外，在这些添加剂的使用方面，人类食品的标准要比宠物食品的标准严格得多。长期给猫咪吃猫粮对猫咪身体的毒害非常大。

很多长期吃猫粮的猫咪在进入老年（10岁左右）后很容易发生肾衰，这和猫粮中的化学添加剂有很大关系。

色素　一些劣质的猫粮中经常会添加合成色素，使猫粮看上去红红绿绿的。

各种防腐剂　为了杀死微生物或抑制微生物的滋生，猫粮中会添加防腐剂。大剂量的化学防腐剂对于哺乳动物的细胞有不同程度的毒性以及致癌和致突变的作用。虽然低剂量的防腐剂通常没有明显的不良影响，但是，如果吃的每一口猫粮都含有防腐剂，猫咪怎么会拥有健康的身体呢？

调味剂

很多猫粮，尤其是价格低廉的劣质猫粮往往含有调味剂，也就是我们平时常说的"诱食剂"，例如猫粮口味增强剂、风味剂等。这些诱食剂会让原本只吃新鲜肉类的猫咪，爱上那些肉类蛋白含量低、质量差的猫粮。更为糟糕的是，这些诱食剂似乎会让猫咪"上瘾"。很多猫咪主人反映，吃过某些含有诱食剂的猫粮之后，猫咪会拒绝吃其他不含诱食剂的猫粮及天然肉类，而且一见到这些含有诱食剂的猫粮就"两眼放光"。

1 颗粒的形状不利于牙齿清洁

食肉动物在撕咬猎物时，能够对牙齿进行清洁。而吃无须撕咬的颗粒猫粮不能起到清洁牙齿的作用。大部分颗粒猫粮含有较多的谷物成分，咬碎之后粉末容易粘在牙齿上，而谷物中所含的淀粉又是牙菌斑最喜欢的食物，如果不及时清洁，很容易产生牙结石。

8 长期吃干硬的猫粮，容易患胃炎

与猫咪的天然食物相比，干硬的颗粒猫粮需要更多的胃酸来软化和消化，在胃中滞留的时间也会更长，这些因素会使长期吃猫粮的猫咪更容易患上胃炎，导致其经常呕吐，食欲低下。

9 容易导致便秘

猫粮干硬，不容易消化，会使猫咪胃肠道蠕动变慢，粪便在肠道内停留时间过久，会导致水分被过度吸收，粪便变干。猫粮中添加的钙等矿物质也有促进粪便中水分吸收的作用。而猫粮的含水量低，猫咪又不爱饮水。长期吃猫粮的猫咪，尤其是胃动力不足、活动量又少的中老年猫咪更容易便秘，严重的还会患猫咪巨结肠症。

10 容易养成只吃猫粮的习惯

从小给猫咪吃猫粮还会带来一个很大的问题，就是猫咪长大后只喜欢吃猫粮，甚至只吃某品牌的猫粮。但有时候，我们需要猫咪能接受其他食物，例如当猫咪患病时，尤其是患胃肠道疾病时，就不适合再吃干硬的猫粮，而需要吃一些容易消化的流质食物。这种时候，对于吃惯猫粮的猫咪来说，换食会变得非常困难。

总之，对于已经被人类驯化几千年，几乎一直以人类给予的少量剩菜剩饭，自食其力捕捉的老鼠、小鸟等猎物为食的家猫来说，问世才100多年的猫粮除了能为它们的人类主人提供方便，真的是利少弊多。

第二节

如何挑选优质的颗粒猫粮

虽然颗粒猫粮对猫咪的健康有很多坏处，但是毕竟它还有一个优点：方便！这对于不少忙碌的上班族来说是一个很大的优点。主人最好了解一下如何挑选优质的颗粒猫粮，这样，在不得不给猫咪吃颗粒猫粮的时候，至少能让它们远离危害更大的劣质粮。

1 直观判断

看价格

一般来说，价格越高，猫粮的质量也越好。当然，由于现在市场上也有价格不低的假货，这也只能作为一个参考。但是，价格太低的猫粮（低于20元一斤），尤其是网上那些比米价都低的猫粮，一定是劣质的！

看颜色

猫咪是不在乎食物颜色的。猫粮呈现红、绿色是商家为了吸引主人购买而添加了色素。所以，不要买那些红红绿绿的猫粮。此外，一般来说，颜色深的猫粮优于颜色浅的猫粮。猫粮颜色浅说明谷物含量高，肉含量低。添加的肉类多了，猫粮的颜色才会变深。

闻气味

优质的猫粮有天然的肉香或鱼的气味。而那些香味过于浓烈且奇怪的猫粮，往往原料中肉含量少，商家为了吸引猫咪进食而添加了香料。

尝味道

铲屎官亲自尝味道也是鉴别猫粮的一种方法。有比较才有鉴别。可以分别买两种不同的猫粮，然后先闻气味，再亲自品尝，比较猫粮的松脆程度和口感。

看大便

我们还可以通过猫咪的大便来简单判断猫粮的优劣。

❶ 看大便的多少。

如果猫粮的质量差，猫咪不能吸收利用的废物就多，大便的量也就比较多，如果猫咪吃的是优质猫粮，大便的量就会比较少。我家猫咪的饮食每天以生骨肉为主，不吃猫粮，一天排便1次，大便的量明显比每天吃猫粮的猫咪要少。图中是我家2岁的小心心一天的大便。

❷ 闻大便的气味。

如果猫粮所含的蛋白质中劣质蛋白比较多，在小肠中就难以消化，猫咪的大便就会特别臭。而我家猫咪的大便就算是拿到鼻子跟前闻，也只有一股淡淡的味。

❸ 看大便的颜色和软硬。

有些黑心商家会在猫粮中添加大量陶土以降低成本，猫咪吃了这种猫粮后，大便颜色会发白，非常干硬，捏碎了会呈粉末状。一定要远离这种猫粮。理想的大便形态像图中一样，黄褐色，成形，不黏腻，用点力可以捏扁。

2 成分分析

从猫粮包装袋上的成分表，我们也能大致判断猫粮质量的优劣。下面就节选3种猫粮的成分表进行实例分析，带领大家学习如何看成分表来挑选优质猫粮。

	编号	成分	营养成分分析保证值
A	11元/500克	原料组成： 鲜鸡肉（27%），全麦粉，糙米，玉米，鸡肉粉，燕麦，鸭肉粉，鸡油，牛油，鲜牛肉（3%），牛肉骨粉，冻牛骨，豌豆，木薯，脱水牛肉，甜菜，蛋黄粉，宠物饲料复合调味料，谷粉，纤维素，鸡水解粉，鸭水解粉，水解鱼蛋白粉，螺旋藻粉（0.5%），啤酒酵母粉，奶酪，车前子（0.1%），丝兰粉（0.08%）	粗蛋白质≥28% 粗脂肪≥10%
B	30元/500克	原料组成： 冻鸡肉（27%），鸡肉粉（24%），鳀鱼粉（16%），三文鱼（10%），沙丁鱼，甘薯颗粒，紫薯颗粒，鸡油，冻鸡肝，金枪鱼，鳕鱼，鲭鱼，鲣鱼，三文鱼油，酿酒酵母提取物，酿酒酵母细胞壁，海带粉，菊苣根粉，车前子，南瓜，甘蓝	粗蛋白质≥40% 粗脂肪≥40%
C	117元/500克	原料组成： 鲜鸡肉（76.1%），木薯粉，鸡油，亚麻籽粉，口味增强剂（鸡水解粉），干番茄渣，浓缩乳清蛋白，冻干鸡肉（0.1%），冻干鸡肝，南瓜子，冻干鸡心	粗蛋白质≥47% 粗脂肪≥17% 粗纤维≤3%

1 蛋白质含量高的优于蛋白质含量低的

首先，我们应该在猫粮的包装袋上寻找"营养成分分析保证值"，看看其中的蛋白质含量是多少。一般来说，蛋白质含量越高，猫粮的质量越好。好的猫粮蛋白质含量一般都在40%以上。

通常，同一品牌的幼猫猫粮的蛋白质含量要高于成猫猫粮，因为幼猫在生长发育期间，每千克体重需要的蛋白质的量要高于成猫。有的商家推出了"全猫期猫粮"，就是从幼猫到成猫都能食用的猫粮。因为必须同时满足幼猫的需要，这种猫粮的蛋白质含量会比较高。

我们可以看到，以上3种猫粮，按蛋白质含量从高到低排列依次为：C：47%，B：40%，A：28%。先检查蛋白质含量，我们可以基本了解这几种猫粮的好坏：C猫粮优于B猫粮，B猫粮优于A猫粮。

2 成分表前几项成分是动物性来源的优于前几项成分是谷物类来源的

测定猫粮中蛋白质的含量并不是直接测定其中蛋白质的多少，而是测定猫粮中的含氮量，再乘以固定的转换系数，得出来的结果就是猫粮中粗蛋白的含量。也就是说，光看蛋白质含量没有办法知道蛋白质的来源是什么，无法得知其中的蛋白质是优质蛋白还是劣质蛋白。谷物中所含的植物性蛋白也统统会被计算在"粗蛋白"中。

因此，我们还需要在包装袋上找到猫粮的"成分表"。成分表中的各种成分是以含量为顺序排列的，即含量越高的成分排名越靠前。因此，成分表的前几项成分是动物性来源的猫粮，就比前几项成分是谷物类来源的猫粮质量好，动物性蛋白含量高。

在以上3种猫粮的成分表中，列于第一项至第四项的成分分别为：

A 鲜鸡肉（27%），全麦粉，糙米，玉米

B 冻鸡肉（27%），鸡肉粉（24%），鳀鱼粉（16%），三文鱼（10%）

C 鲜鸡肉（76.1%），木薯粉，鸡油，亚麻籽粉

我们可以进一步看到：A猫粮显然是3种猫粮中质量最差的，虽然它的成分表中第一位是"鲜鸡肉"，但是含量只占27%，而第二位到第四位分别为全麦粉、糙米和玉米，全部都是谷物，也就是说，在这种猫粮中，谷物占了很大的比重。

而B猫粮成分表中前4位分别为冻鸡肉、鸡肉粉、鲲鱼粉和三文鱼，总共占：27%+24%+16%+10%=77%，动物性蛋白含量远远高于A猫粮。

C猫粮成分表中第一位为"鲜鸡肉"，虽然第二位就是植物性来源"木薯粉"，但是鲜鸡肉占了76.1%。

从这里我们可以看出：B猫粮优于A猫粮，B猫粮略优于C猫粮。

3 "肉"优于"肉粉"，有名称的肉类优于没有名称的肉类

动物性成分来源是"肉"的猫粮，质量要优于来源是"肉粉"的猫粮。而有名称的肉类优于没有名称的肉类，即便是肉粉也应该有名称，例如"鸡肉粉""鸭肉粉"等。如果简单地标明"肉类""禽肉"或"肉粉""禽肉粉"等，就说明蛋白质来源可疑。

根据这个标准，我们可以很容易地判定C猫粮是3种猫粮中质量最好的，因为它的第一项成分是有名称的肉——鲜鸡肉，且占76.1%。B猫粮排名第二，因为它用的是有名称的肉和肉粉——冻鸡肉、鸡肉粉、鲲鱼粉、三文鱼等。A猫粮和B猫粮并列，因为它用的也是有名称的肉和肉粉——鲜鸡肉、鸡肉粉、鸭肉粉等。

虽然从动物性成分的比例上来说，B猫粮成分表前4位总计为77%，C猫粮成分表前4位总计为76.1%，但是从名称上看，我们就可以知道，C猫粮的动物性成分来源（鲜鸡肉为主）质量要远远高于B猫粮的动物性成分来源（有名称的肉粉较多）。

4 如果成分表中有鲜肉的成分，那么同时应该有脱水肉类或某种动物的肉粉

这样可以提高猫粮中动物性蛋白质的总含量；如果没有，说明这项鲜肉的成分只是个噱头。

因为鲜肉中含有70%左右的水分，如果只使用鲜肉，蛋白质含量就会比较低。当然，使用脱水肉类的猫粮质量要优于使用肉粉的。

我们看到3种猫粮在使用了鲜鸡肉或冻鸡肉之后，都同时使用了肉粉或冻干鸡肉等。根据上一条标准，我们可以知道，C猫粮使用的冻干鸡肉属于"有名称的肉类"，要优于A猫粮和B猫粮使用的鸡肉粉等"肉粉"。

5 有名称的脂肪来源优于没有名称的脂肪来源

例如"鸡油""鸭油"等有明确名称的脂肪来源，要优于"禽类脂肪"等没有明确名称的脂肪来源。最为可疑的是泛泛地标明"动物脂肪"的，这种表述理论上可以是任何来源的动物脂肪，包括餐馆回收的地沟油。

让我们来看一下3种猫粮的脂肪来源。

A 用的是：鸡油，牛油

B 用的是：鸡油，三文鱼油

C 用的是：鸡油

3种猫粮的脂肪来源都"有名称"。

6 诱食剂越少越好

前面提到，很多猫粮含有诱食剂，动物蛋白成分很少的劣质猫粮必须通过添加诱食剂来诱使原本只吃肉的猫咪进食。因此，如果我们在猫粮的成分表中找到比较多的诱食剂，也可以说明，这款猫粮的品质不好。

在A猫粮中，我们可以找到宠物饲料复合调味料、鸡水解粉、鸭水解粉、水解鱼蛋白粉等多种诱食剂。

在B猫粮中，没有找到诱食剂。

在C猫粮中，我们可以找到口味增强剂（鸡水解粉）这一种诱食剂。

从中也可以判断，A猫粮的品质最差。

挑选猫粮时，除了看猫粮的成分表，最好再上网查一查生产厂家的情况，这样可以更放心。

猫粮市场现状

1 天然粮和普通商业粮

目前市场上的颗粒猫粮可以大致分为天然粮和普通商业粮。

天然粮是指全部采用人类可食用级别的原料，即用含优质动物蛋白的食材、完整的谷物（而不是谷物碎粒）、水果、蔬菜等制成的猫粮，不使用"4D"肉（已死的、有病的、垂死的、伤残的动物的肉），不使用诱食剂、非天然防腐剂等有害物质。很多优质的天然粮甚至不含谷物，即无谷天然粮，它以水果作为碳水化合物的来源。

而普通商业粮的原料则多多少少都含有人类弃之不用的成分。

很显然，天然粮要优于普通商业粮。有条件的话，最好选择天然粮。但是，市场上有很多打着天然粮旗号的普通粮，所以在购买时，还是要看成分表进行辨别。

市场上有一些猫粮知名度非常高，是因为厂家将很大一部分利润花在了广告上，而不是产品本身，它们还会通过超市、宠物医院进行营销。其实，这些猫粮也并不一定是最好的。当然因为是大厂家，而且有知名度，所以生产的猫粮也不会是劣质粮，通常是质量比较好的商业粮。

也有一些真正的天然粮生产厂家会把相当一部分利润用在产品本身，而不是广告营销上，它们的知名度反而不如大众化的商业粮。

WDJ（*Whole Dog Journal*）是美国的一本宠物养护杂志，每年都会对各大宠粮品牌进行独立测评，并向大众推荐通过测评的品牌。凡是WDJ推荐的品牌都不会差。如果想要了解优质猫粮品牌，可以到网上搜索WDJ当年的榜单。不少优质的天然粮品牌都在榜单上。

如果因为经济条件受限，只能购买普通商业粮，那么至少要选择大厂家生产的，质量有一定保证。小作坊生产的廉价猫粮无论是配方研发、生产设备、原材料质量，还是产品质量控制和检验都难以保证。

2 其他猫粮

除了颗粒猫粮，市场上比较常见的猫粮还有冻干猫粮、猫罐头和猫条。

其中冻干猫粮是将各种动物性食材经过-40℃低温速冻后，脱水干燥而成，因此冻干猫粮的水分含量通常低于3%，比颗粒猫粮的含水量更低。如果猫咪要以冻干猫粮为主食，建议泡水后再给猫咪食用。颗粒猫粮和冻干猫粮都属于干粮，长期以干粮为主食，很容易使猫咪的泌尿系统出现问题。

猫罐头和猫条都是湿粮，相对干粮来说，水分含量要高得多，通常大于70%。并且猫罐头和猫条中动物性食材的含量通常比较高，相对干粮来说，营养价值更高，适口性也更好，还可以加水诱导猫咪多喝水。

冻干猫粮、猫罐头和猫条都有零食和主食之分。零食通常营养不全面，摄入量一般都有限制。而主食的配方通常营养较为全面，可以当正餐给猫咪喂食。

无论选哪种猫粮，都应仔细看成分表以区分优劣。

3 如何避免买到假冒伪劣猫粮

1 不要买价格低于40元/千克的猫粮

虽然价高不一定能买到好货，但是价格过低，大概率是劣质粮。如果有这条价格底线，至少你家猫咪不会遭到"毒猫粮""石灰粮"的毒害。

2 买进口粮要选择信誉好的卖家

如果要买进口粮，尽量通过宠友找到信誉好的卖家。这样的卖家能保证你不会花了大钱却买到假货，同时还能帮助你筛选出优质猫粮。

3 国产粮可以从旗舰店或授权店铺购买

如果要买国产粮，可以从该品牌的旗舰店购买，或找到该品牌的官网，查询品牌的授权店铺，从授权店铺购买。不要随意从网上的店铺购买。

挑选、储存和喂食颗粒猫粮应避免哪些错误

前面已经介绍了长期给猫咪吃颗粒猫粮对其健康的影响。主人挑选和储存袋装猫粮以及喂食的方法不当也会给猫咪带来安全隐患。

1

❌ 买猫粮时不检查保质期。

✅ 每次买猫粮时都应检查剩余保质期。

剩余保质期越长越好，至少应有6个月。剩余保质期太短的猫粮中的脂肪有氧化的风险。

2

❌ 购买大包装的猫粮。

✅ 应购买包装袋大小适当的猫粮，确保每袋猫粮能在2~3周内吃完。

猫粮开封后，曝露在空气中的时间越久，氧化得越厉害。购买大包装的猫粮虽然经济实惠，但会给猫咪带来健康隐患。

3

❌ 将猫粮袋储存在温暖、潮湿的地方。

✅ 为了保持猫粮的新鲜，延缓氧化过程，应将猫粮袋储存在阴凉、干燥、避光的地方。

有些主人喜欢把猫粮袋放在厨房水槽下方的橱柜中，这个地方一般非常潮湿。

4

❌ 将猫粮袋拆封后敞口存放。

✅ 将猫粮袋拆封后要记得重新密封。

敞口存放会增加猫粮和氧气接触的机会，从而加速猫粮氧化变质。

5

❌ 将整袋猫粮倒入其他容器内，尤其是塑料桶里存放。

✅ 储存猫粮的最好办法是采用原包装袋。如果图方便，可以将猫粮连包装袋一起放入塑料桶里，或从包装袋中分装出1周左右的量，放入食品安全等级高的密封容器中，例如铁质饼干桶，但是要注意及时清洁饼干桶。

很多主人喜欢将整袋猫粮倒在一个塑料桶里，便于每次取用。还有些主人会使用自动喂食桶，一次性在桶里添加整包猫粮。

使用塑料桶有几个问题。首先，有许多塑料容器并不是用食品级塑料制成的，而猫粮表面喷涂了一层油脂，这层油脂会使增塑剂等有害物质加速从塑料中析出，进入猫粮。

其次，如果使用的塑料桶是透明的（很多自动喂食桶就是透明的），又没有注意避光，就会加速油脂的氧化。

再次，如果每次倒入一袋新的猫粮之前没有彻底清空并清洁容器，残留在桶底的旧粮中已经酸败的油脂以及黏附在桶壁的酸败油脂就有可能"种植"在每一批新粮中。

所以，如果不得不使用自动喂食桶，最好挑选食品安全等级高、不透明材质的喂食桶，注意盖上桶盖，每次彻底清空并清洁喂食桶后再添加新粮。

6

❌ 在猫咪吃完整袋猫粮之前就扔掉包装袋。

✅ 保留包装袋至猫咪吃完整袋猫粮后2个月。

万一猫咪生病或出现过敏症状，保留的包装袋可以让医生了解喂食的确切信息，帮助做出正确诊断。如果猫咪患上严重疾病或死亡，那么猫粮生产厂家也需要这些信息才能确凿地将该种猫粮（或该批次的猫粮）和发生的问题相关联。

7

❌ 一种猫粮吃完，直接更换另一种新猫粮。

✅ 更换猫粮时，应遵循1/4原则。

每种猫粮的成分不尽相同，所以如果一下子更换新猫粮，猫咪的身体会因为来不及产生足够的、相应的消化酶而导致腹泻。更换猫粮时应遵循1/4原则，即先用1/4的新粮混合3/4的旧粮喂食2~3天；如果猫咪一切正常，再用1/2的新粮混合1/2的旧粮喂食2~3天；然后用3/4的新粮混合1/4的旧粮喂食2~3天；最后完全换成新粮。

各种猫粮的
优缺点

从猫咪的角度考虑，好的饮食应该是既健康又美味的。而从主人的角度考虑，可能还需兼顾经济性和便利性。下面就从这几个方面对商业猫粮、生骨肉和熟自制猫饭的优缺点进行分析。

第一节

各种商业猫粮的优缺点

市面上最常见的商业猫粮产品分为干粮和湿粮。干粮有主力军膨化颗粒猫粮，以及近年来逐渐开始流行的烘焙颗粒猫粮和冻干猫粮；湿粮有猫罐头、袋装湿猫粮以及猫条等。它们共同的优点是方便，缺点是大多含有各种化学添加剂，并且质量良莠不齐，由于经过深加工，无法辨认其中的原料，很多产品采用的是劣质原料。

其中，颗粒猫粮中最主要的一类产品膨化粮，因为受到工艺限制，需要以淀粉作为黏合剂，往往淀粉含量比较高，而猫咪作为专性食肉动物，对于淀粉的消化能力非常有限。另外，膨化粮必须经过高温加工，而高温会破坏原料中的很多营养素，还会产生有害物质。

而后起之秀烘焙猫粮采用低温烘焙而成，如果不考虑成本，肉含量可以达到90%以上，和膨化粮相比，烘焙猫粮淀粉含量要低很多，而且低温加工工艺可以更好地保留原料中的营养。

冻干猫粮经过真空冷冻干燥处理，可以完全不添加淀粉，原料中的营养素也可以很好地保留。

但无论是膨化颗粒猫粮、烘焙猫粮还是冻干猫粮，都是干粮，含水量都很低，其中膨化颗粒猫粮和烘焙猫粮的水分含量在10%左右，而冻干猫粮的含水量更低，在3%左右。长期给猫咪吃这样的干粮，容易使猫咪患尿路结石（摄水量少）和胃炎（干粮不容易消化）。

而猫罐头、袋装湿猫粮和猫条等湿粮弥补了干粮含水量低的缺点，它们的含水量大多在70%左右，并且可以根据需要在喂食的时候再添加一些水分，通常猫咪也会乐意接受。同时，因为猫罐头、袋装湿猫粮和猫条都是通过密封包装后高温灭菌来实现防腐效果，无须添加防腐剂，所以和干粮相比，更安全一些。和冻干猫粮一样，如果不考虑成本，湿粮可以做到完全不添加淀粉，但是价格也比干粮要贵。同时，选购湿粮的时候要注意是零食还是主食。主食湿粮营养全面，可以作为日常主食喂食；而零食湿粮营养不够全面，喂食量通常不能超过总喂食量的10%。

还有一点要特别提醒猫咪主人注意，就是上述各种商业粮中，冻干猫粮及零食湿粮的适口性通常都非常好，猫咪很容易上瘾，吃了之后更容易拒吃别的食物，所以一定要慎用。

生骨肉的优缺点

生骨肉是指可以给猫咪直接食用的各种生肉、骨骼以及内脏。猫咪在自然界中以猎食老鼠、小鸟、兔子等小动物为生，因此，生骨肉最接近猫咪在自然界中吃的食物。

1 生骨肉喂养的优点

1 无化学添加剂
生骨肉喂养的最大优点就是纯天然、无添加。

2 蛋白质含量高、质量好
主人如果自己买食材给猫咪喂生骨肉，可以选择鸡肉、兔肉等蛋白质含量高、质量好的食材；而商业粮中的动物蛋白来源有可能是"4D"肉，甚至水解羽毛等。

3 容易消化，不容易出现软便
对于猫咪这种专性食肉动物来说，最容易消化的食物是肉类，而不是谷物。

4 水分含量高
生骨肉的含水量为70%左右，而颗粒猫粮的含水量仅为10%左右。

5 有助于保持口腔清洁，不易出现牙结石

碳水化合物是口腔细菌最喜欢的食物，而生骨肉不含碳水化合物，可以避免口腔细菌大量繁殖。猫咪在撕扯、啃咬大块的生骨肉时，也能很好地清洁牙齿。

6 价格实惠

和营养价值接近的商业猫粮例如纯肉的冻干猫粮、纯肉的猫罐头等相比，价格要低很多。

2 生骨肉喂养的缺点

生骨肉喂养的最大缺点是不够方便，因为需要解冻后喂食，所以不能像颗粒猫粮一样随取随喂；因为在室温下放置过久（2小时以上）易滋生大量细菌，所以不能像干粮一样在食盆里放上一整天，让猫咪自己按需食用。

但是，如果能使用一些分装保存的小技巧（参见第10章第七节"自制猫饭的保存技巧"），生骨肉喂养其实并不是很麻烦。同时，如果采用定时定量喂食制度，不但可以让猫咪及时吃完新鲜的生骨肉，还有助于主人及时发现猫咪食欲的异常。

3 关于生骨肉的疑问

1 生骨肉未经高温杀菌，是否会让猫咪感染细菌或寄生虫

关于细菌

作为食肉动物，猫咪的唾液和胃酸都有强大的杀菌能力。如果我们选用人类可食用级别的冷冻生骨肉，快速解冻后再给猫咪食用，一般情况下猫咪是不会被细菌感染的。如果不放心，可以将生骨肉在沸水中快速焯一下，就能杀死生骨肉表面的大部分细菌。

要注意的是，如果猫咪在胃溃疡活动期，最好不要吃生骨肉，因为这个时候胃黏膜有损伤，生骨肉上的少量细菌有可能会通过溃疡面侵入体内，造成感染。

关于寄生虫

我们人类食用的肉类一般都是经过检疫的，因此，从正规渠道购买检疫合格的肉类能最大限度地避免猫咪从食物中感染寄生虫。

将买来的生骨肉放入冰箱（最好是-20℃以下）冷冻7天以上（或直接选用冷冻的生骨肉）再给猫咪食用，也能杀死部分可能存在的寄生虫。

我们也不用谈虫色变。动物体内有少量的寄生虫不会对其健康造成太大影响。只要注意卫生，及时（当天）清理猫咪的粪便，就不会反复感染寄生虫，寄生虫就不会在猫咪体内大量繁殖达到致病的程度。

如果不放心，可以定期给猫咪做预防性驱虫。我们家猫咪吃生骨肉已经10年有余，最多一年驱一次虫，从来没有出现过感染寄生虫的迹象。

2 吃生骨肉，是否有损伤牙齿或骨头阻塞、刺伤消化道的危险

猫咪的牙齿比较细小，咬合力也远远不如狗，很多骨头猫咪是无法咬碎的，啃咬时容易损伤牙齿，骨头可能会卡在牙齿缝隙里，甚至堵塞在食管、胃肠道里，容易划伤食管、胃肠道。因此，给猫咪吃骨头一定要特别小心。

第三节

熟自制猫饭的优缺点

作为生骨肉的补充，我有时也会给猫咪做点熟制的猫饭。

1 与生骨肉相比，熟自制猫饭的优点

1 喂食相对方便

生骨肉需要解冻，喂食前需要提前几小时从冰箱里拿出来。而熟自制猫饭要方便很多，只要从冰箱里拿出来，用微波炉加热一下就好。

2 更容易换食

对于平时吃惯颗粒猫粮和猫罐头的挑嘴猫咪来说，如果想要换成无添加的天然食物，又不能接受生骨肉，不妨先试试熟自制猫饭，口味可能和猫罐头比较接近。

3 更安全

无须再担心细菌和寄生虫感染。

2 熟自制猫饭的缺点

1 不利于口腔清洁

熟自制猫饭一般都是将食材打碎后加工的，猫咪用餐后，口腔容易残留食物残渣，滋生牙菌斑。因此，给猫咪吃完熟自制猫饭，最好清洁一下猫咪的牙齿。

2 可能缺乏牛磺酸

牛磺酸是猫咪的必需氨基酸，大量存在于生骨肉中，但是受热后容易被破坏。如果猫咪饮食长期以熟自制猫饭为主，就需要在饮食里添加牛磺酸，否则容易导致猫咪缺乏牛磺酸。当然，如果猫咪饮食以生骨肉为主，辅以熟自制猫饭，就不必担心牛磺酸缺乏的问题了。

哪些食物
猫咪不能吃

与杂食性动物狗相比，专性食肉动物猫咪很少会自己乱吃东西。一般来说，如果不是主人刻意给猫咪喂食各种稀奇古怪的食物，猫咪因为乱吃而中毒或生病的概率很低。猫咪在正常情况下需要吃的食物主要是各种肉类以及猫草等含膳食纤维的食物。对于这两类食物之外的东西，如果不确定猫咪能不能吃，就不要主动给猫咪吃，这样通常来说就安全了。

以下，我主要针对这两类食物分享一下相关知识和自己的经验。

第一节

植物/蔬菜

很多植物对猫咪来说是有毒的。在自然环境下，猫咪会选择安全的植物作为"猫草"来食用，主要是各种禾本科植物的叶子，而对于其他植物，猫咪一般不会主动去食用。但是，在居家环境下，尤其是当主人没有给猫咪提供猫草时，猫咪就有可能在胃部不适时去食用家里种植的花草，包括那些可能对猫咪来说有毒的植物。

我看到的比较权威的关于对猫咪来说有毒的植物的信息是台湾著名猫科医生林政毅博士所著的《猫博士的猫病学》一书中第九章第8节"高毒性植物"中的内容，里面列举了很多对猫咪来说有毒的植物。感兴趣的读者可以自己去翻阅一下。在这里，我列举几种书中提到的家庭经常会种植的观赏植物：常春藤、黛粉芋（花叶万年青）、百合、苏铁、杜鹃、龟背竹、冬青、绣球花。

为了安全起见，养猫家庭最好不要种植花草，以免猫咪因为好奇而误食。如果一定要种植，应先上网查询该植物对猫咪是否有害。在种植花草的同时，一定要种植一些猫草，这样猫咪就会优先食用猫草，而不会去食用那些可能有危险的植物。

此外，猫咪不能吃的植物还有洋葱、大葱、小葱等百合科葱属植物，猫咪吃了这些植物后，红细胞会遭到破坏，出现溶血性贫血。其实这类有刺激性气味的植物，猫咪一般是不会主动去吃的。我试过给我家最馋嘴的猫咪小心心同时喂小葱和小麦草，结果它闻了一下之后，果断放弃小葱，选择了小麦草。

洋葱

大葱

小葱

第二节

牛奶

流传最广的猫咪不能吃的食物是牛奶，理由是牛奶含有乳糖，而大多数猫咪乳糖不耐受，容易腹泻，要喝奶应选择羊奶。但这种说法是片面的。

其实，所有的哺乳动物，包括人、猫、狗等，在幼年时体内都有乳糖酶，用来消化乳糖，因为其母亲所分泌的乳汁也是含有乳糖的。有文献指出，羊奶所含的乳糖成分并不比牛奶所含的乳糖成分低很多。

那么，为什么我们会看到有些猫咪喝了牛奶会腹泻，而喝了那些专为猫咪研制的羊奶制品就不腹泻呢？

首先，对于哺乳期（1个月以内）或刚刚进入离乳期（2~5月龄）的幼猫来说，体内有足够的乳糖酶用以消化牛奶中的乳糖。这些幼猫喝了牛奶拉稀，多数是因为肠道菌群还没有完全建立，并非因为乳糖不耐受，给猫咪补充一点益生菌就可以有效改善。如果仔细看那些专为幼猫研制的羊奶制品的成分表，就会发现其中有益生菌的成分。

而对于5月龄以上的猫咪，一般情况下，因为营养的摄入已经主要依靠固体食物而不是奶水，根据"用进废退"的原则，身体分泌的乳糖酶会逐渐减少，这时如果一下子给猫咪喝大量牛奶，猫咪很容易因为乳糖不耐受而腹泻。但是，如果这个时候我们以猫咪喝了不腹泻为原则，从少到多给猫咪喂牛奶，就可以让猫咪体内的乳糖酶逐渐升高，达到可以消化正常量牛奶的水平。一般来说，从每次10克起步，逐渐增加到每次30~40克。我家的4只猫咪就是这样进行牛奶喂养的，现在每天早晚都要喝

30～40克普通纯牛奶，都不会发生腹泻。

喝牛奶对猫咪有很多好处，如可以很方便地给猫咪补充水分，在猫咪患病时补充营养等。

但是，对于有胃病的猫咪来说，空腹喝牛奶可能会刺激胃酸分泌，导致胃部不适症状加重。如果发现猫咪喝了牛奶后容易呕吐，或有其他不适，就建议不要给猫咪喝牛奶，同时要积极治疗胃病。此外，奶液容易滞留在牙齿表面，形成牙菌斑，因此，给猫咪喝完牛奶，最好清洁一下猫咪的牙齿，可以简单地用湿巾擦一下牙齿。

第三节
金枪鱼、三文鱼

不饱和脂肪酸

三文鱼

金枪鱼、三文鱼等海鱼中不饱和脂肪酸含量较高，猫咪摄入过多不饱和脂肪酸容易导致维生素E缺乏，引起炎症。因此，不要给猫咪长期或大量喂食金枪鱼、三文鱼以及其他富含多不饱和脂肪酸的鱼类。少量、偶尔喂食没有问题，如果喂食次数较多、喂食量较大，注意在喂食时补充维生素E。

不饱和脂肪酸

金枪鱼

第四节
动物肝脏

动物肝脏价格便宜，营养丰富，少量给猫咪喂食有益健康。但是，动物肝脏富含维生素A，如果长期或大量给猫咪喂食，会引起猫咪维生素A中毒，导致骨骼生长发育异常。

动物肝脏

第五节
生鸡蛋

鸡蛋营养丰富，可以作为肉类的补充，给猫咪食用，建议煮熟了再喂。但是不要煮得太老，煮得太老的蛋清不容易被消化吸收。一般来说，煮到蛋清刚刚凝固即可。

给猫咪喂生鸡蛋，可能会有2个问题。首先，除了优质的无菌蛋，生鸡蛋可能会含有沙门菌、大肠杆菌等细菌，导致急性胃肠炎。其次，生的蛋清含有抗生物素等抗营养因子，生吃鸡蛋会影响身体对生物素（维生素H）等营养因子的吸收。

第六节

生的海鱼

　　很多生的海鱼含有硫胺素酶，硫胺素酶能破坏硫胺素（维生素B$_1$），导致猫咪硫胺素缺乏，所以尽量不要给猫咪吃生的海鱼。而硫胺素酶受热很容易失活，因此，可以将海鱼烹饪，使硫胺素酶失活后再给猫咪食用。

　　如果想给猫咪吃生的海鱼，应先查一下该品种的鱼是否含有硫胺素酶。鲳鱼就不含硫胺素酶，如果能买到新鲜的鲳鱼，可以给猫咪生吃。

不含硫胺素酶

鲳鱼

第七节

各种骨头

　　猫咪不会咀嚼，并且与狗相比，咬合力要小得多。因此，在不能确保安全的情况下，不要随意给猫咪吃各种骨头，尤其是熟的骨肉，包括鱼骨、鸡骨等，猫咪吞食这些骨头的时候容易将骨头卡在牙缝中，还容易造成消化道被刺伤、消化道梗阻等严重后果。

　　对于那些猫咪在自然界中会捕食的小动物，例如小鸟、老鼠（虽然我不会给猫咪吃老鼠）、小鱼等，如果是给猫咪连肉一起生吃，那么它们的骨骼是可以安全食用的。在后面的章节里，我会给大家推荐经过我家猫咪尝试的可以安全食用的骨骼。

　　总之，与狗相比，猫咪吃骨头更容易造成危险。在不能确保安全的情况下，不要贸然给猫咪吃骨头。

吃多少
才健康

第一节

喂食量过多或过少有何坏处

    猫咪是少食多餐的动物，一般来说会自己控制食量。但是也有一些特别贪吃的猫咪，它们对于食物来者不拒。对于这样的猫咪，如果主人不控制每餐的喂食量，猫咪很容易过量进食。对于猫咪来说，如果经常过量进食，除了会导致肥胖，还容易引起呕吐。如果你看到猫咪在进食后不久突然吐出一大团完全没有消化的食物，并且在吐完之后就恢复正常，那么呕吐就很有可能是过量进食引起的。此外，如果经常过量进食，猫咪的胃会承受很大负担，时间久了，很容易引发胃炎等胃部疾病。

    而长期喂食过少，则会导致猫咪过瘦，营养不良。如果超过三天不进食，猫咪有可能会患脂肪肝，严重时有生命危险。

敞开供应还是定时定量

1 敞开供应

因为大多数猫咪会自己控制进食量，所以，从理论上说，我们可以对猫咪采取敞开供应的自助餐式喂食制度，将足够的食物放在食盆里，让猫咪在自己想吃的时候去吃。但是这种喂食制度有几个缺点。

1 食物放置时间长会变质

生骨肉、熟自制猫饭、猫罐头等食物在室温下，尤其是在夏季高温天气下，放置2小时以上就会滋生大量细菌。而含水量少的颗粒猫粮虽然可以放置较长时间，但是猫粮表面喷涂的油脂很容易氧化酸败，同时，在南方5～6月潮湿的天气下，猫粮中的谷物成分受潮还容易发生霉变，产生黄曲霉毒素等。因此，即便猫粮表面看上去并没有什么变化，放置时间久了（24小时以上），也会对猫咪的健康有害。

2 不容易觉察到猫咪食欲的变化

猫咪在生病的时候，首先表现出来的症状往往是食欲下降。但是，如果主人将足够的猫粮放在食盆里敞开供应，就很难在第一时间觉察到猫咪食欲的变化，从而可能错过救治的最佳时间。

3 错失跟猫咪建立亲密关系和训练的良机

猫咪本来就是比较高冷的动物，所以有"猫主子"一说。如果主人每次都是将食物放在食盆里让猫咪自由取食，那么猫咪就会觉得食物是自己"打猎"获取的，与主人没有关系。而给动物喂食本来就是与其建立亲密关系的最好时机。同时，食物是对猫咪进行各种训练的最好奖励。让猫咪自己取食，也就失去了训练的良机。

2 定时定量

如果时间允许，我更建议对猫咪采用定时定量的喂食制度。与敞开供应制度相比，这种喂食制度具有以下优点。

1 保证每次喂食新鲜食物

无论主人给猫咪喂生骨肉、熟自制猫饭、猫罐头还是颗粒猫粮，定时定量的喂食制度都可以保证食物新鲜。

2 及时发现猫咪食欲的变化

因为是每天定时定量喂食，所以猫咪刚开始出现食欲不振，主人就能知道，便于及时采取措施。

3 便于跟猫咪建立亲密关系和训练

定时定量喂食，便于让猫咪将食物和主人相联系，猫咪和主人的亲密度会增加。如果再配合一些训练动物的小技巧，还可以将每一次喂食作为一种奖励，对猫咪做各种训练。比如我会在喂食的时候叫猫咪的名字，让它们"过来"；或者要求它们让我"抱抱"，再喂食。

当然，主人也可以根据自己的时间安排，灵活地采取两种喂食制度。

每天吃几顿，每顿吃多少

猫咪是少食多餐的动物，但是猫咪一天到底要吃几顿，网上众说纷纭。我曾经看到有一位猫咪专家说猫咪一天要吃25顿。《犬猫营养需要》（Nutrient Requirements of Dogs and Cats）一书提到，科研人员曾经做过实验，给猫咪提供商品干粮或罐装日粮，观察到猫咪一天要进食12～20餐（平均为15.7～17.4餐）。也有猫咪主人反映，自家猫咪一天要进食无数次，但是每次只是过去吃几口猫粮就离开。

而根据我对我家猫咪的观察，如果给猫咪喂食生骨肉，每天的进食次数不可能如此多。我家猫咪每天早晚喝2顿牛奶，再吃3顿主食，定时定量喂食，牛奶每顿30～40克，生骨肉或熟自制猫饭每顿40～60克。如果当天的运动量很大（它们有时候会佩戴定位器，到山上去玩2个小时再回家），那么在两顿主食之间，它们有可能会回来向我讨食物。如果是普通的运动量，如在家里活动不出门，它们就不会额外来讨食物。这说明，一般不出门的家养宠物猫，如果是喂生骨肉或其他湿粮，一天喂食3～5顿就可以满足猫咪的需求了。

而与生骨肉或其他湿粮相比，普通猫粮比较难以消化，所以，如果猫咪饮食以普通猫粮为主，那么可能需要增加一些喂食次数，同时，减少每次的喂食量。

每一只猫咪体形不同，活动量不同，消化能力不同，因此，每一顿到底应该喂多少，主人可以参考我家猫咪的喂食量和喂食次数，也可以根据汤姆·郎斯戴尔（Tom Lonsdale）在《生骨肉促进健康》（Raw Meaty Bones Promote Health）一书中给出的生骨肉喂食指南给猫咪喂食：一周喂食量为体重的15%～20%，或每天喂食量为体重的2%～3%，结合实际情况，制定最适合自家猫咪的喂食制度。

猫咪如果吃饱了，会离开喂食点，开始洗脸梳毛。相反，猫咪如果还没有吃饱，就会在喂食点附近一直停留，或对主人发出乞食的声音，做出乞食的动作。主人可以根据猫咪的行为来判断喂食量是否恰当。

6

猫咪的
饮食偏好

了解猫咪在饮食上的偏好，有助于我们更合理地为猫咪提供它喜欢的食物。

温度

猫咪喜欢吃温热的食物。猫咪是猎食动物，在自然界中以狩猎来的小动物为主要食物，并且一般会在捕捉到猎物后当场吃掉。因此，猫咪食物的最佳温度是接近动物体温的温度，即37℃左右。

气味

猫咪的嗅觉非常灵敏，能迅速辨别出我们人类不能辨别的微弱气味变化。比如我家最挑食的"小花"有时候会在开饭时间，在距离食盆半米的地方掉头而走，因为它不用看，也不用尝，就已经凭借嗅觉辨别出食盆里是它不喜欢的食物。很多猫咪主人会发现：早上准备的肉，放到下午猫咪就不吃了；甚至同样的鸡胸肉，换了品牌，猫咪就会拒吃。

如果发现猫咪食欲不振，我们可以将食物加热，放到猫咪鼻子附近，或加一点点"诱食剂"。比较健康的天然诱食剂自制方法见第10章第六节"天然诱食剂"。让猫咪闻到食物或"诱食剂"的香味，有助于猫咪恢复食欲。

第三节

口味

　　和人类一样，不同的猫咪对于不同的食物有自己的偏好。这种口味上的偏好，有的是后天习得，尤其是与刚断奶时所能获得的食物有关，而有的则是先天遗传。比如对于肉类和海鲜两大类食物，有的猫咪更偏爱肉类而不喜欢海鲜，有的猫咪却更偏爱海鲜。我家的4只猫咪中，小花和腊月明显偏爱海鲜；而席小小偏爱肉类；贪吃鬼小心心什么都爱吃，没什么偏好。

　　平时注意观察，了解你家猫咪的口味偏好，才能做出让猫主子称心满意的饭食。

第四节

质感

　　同样一种食物，经过不同的加工后，在口中的质感是不一样的。比如大块的、干燥的，就比较耐嚼；而细小的、湿润的，就比较丝滑。猫咪对于食物的质感也有自己的喜好。

　　这种喜好的形成，同样也有先天和后天的因素。比如同样是生的鸡胸肉，我家席小小就更喜欢可以撕咬的大块鸡胸肉，而不太喜欢肉糜。这应该就是遗传因素导致的。而很多从小吃颗粒猫粮的猫咪，长大后，即使通过训练开始吃纯天然的肉，也往往更喜欢吃比较干的颗粒状的肉，而不喜欢吃掺了水的糊状肉糜。这通常是后天因素导致的。

　　同样地，了解你家猫咪对于食物质感的偏好，才能更好地抓住它的胃。

食量

　　猫咪的胃容量比较小，在30～40毫升。猫咪是猎食动物，在自然界中，它可以随时在需要的时候捕猎小动物来进食，因此，猫咪是少食多餐的动物。

　　我家的4只田园猫（体重3.5～4千克）每天早晚喝2顿牛奶，中间吃3顿生骨肉或熟自制猫饭。牛奶每顿喝40克，生骨肉或熟自制猫饭每顿吃40～50克。

进食频次

　　有研究称，猫咪每天要进食12～20餐。但这是在实验室给猫咪提供颗粒猫粮的情况下得出的结论，这并不能代表猫咪在自然界中的真实情况。虽然有很多主人也发现，在家里敞开供应猫粮的情况下，猫咪会时不时地走过去吃几口就走开。如果将每次连续吃的几口猫粮作为一顿饭的话，那么，从不外出的家养猫咪一天可能要吃10顿以上的猫粮。

　　我家猫咪从小定时定量摄入食物，成年后固定每天喝2顿牛奶，吃3顿生骨肉为主的正餐，现在猫咪都十分健康，身材也很标准。如果是定时定量喂湿粮，一天3～5顿就足够了。

进食时间

第七节

　　大部分猫咪非常"自律"，即使放上满满一盆猫粮让它们自由取食，它们也不会像狗一样一顿把自己吃到吐，因此有很多主人都实行"自助餐"制度，这样也是可以的。但是，有个别猫咪"属狗"，看到食物没有自制力，对于它们就不能实行这种喂食制度。

　　我还是更建议主人给猫咪定时定量喂食，这种喂食制度对猫咪有很多好处。

　　采取定时定量喂食制度，喂食的时间要尽量安排在猫咪比较活跃的时候。猫咪是曙暮性动物，清晨和傍晚是它们最活跃的时候，也是喂食的最佳时间，当然，也要根据季节变化做相应调整。例如夏季气温高，猫咪尤其是老年猫咪，可能在整个白天都昏昏欲睡。如果原来有一顿午饭，这时就可以取消，改为夜宵。

猫草

第一节

什么是猫草

在自然界生活的猫咪，除了捕捉老鼠、小鸟等小动物作为食物，还会经常有选择性地采食一些野草。猫咪会主动采食的这些草，就称为猫草。猫咪选择的野草通常都是禾本科植物，比较常见的有狗尾巴草、蟋蟀草、稗子草、马唐等。

狗尾巴草

蟋蟀草

稗子草

马唐

猫咪为什么要吃猫草

生为专性食肉动物的猫咪为什么要吃猫草呢？原因主要有以下三点。

1 排毛

猫咪有舔毛的习惯，而猫咪舌头上的倒刺使得猫咪在舔毛时很容易将毛发摄入胃里。当摄入胃里的毛发量比较少时，吃一些鲜嫩的猫草能促进胃肠道蠕动，使摄入的少量毛发随粪便排出；当摄入胃里的毛发量比较多，形成毛球，无法下行进入肠道随粪便排出时，吃一些粗硬的猫草能刺激猫咪呕吐，从而将毛球通过口腔排出体外。

2 增加粪便含水量

作为专性食肉动物，猫咪在野外捕捉到老鼠、小鸟、兔子等小动物后，通常会连骨带肉食用，这样大便会变得又干又硬，时间久了容易导致便秘。而猫草含有大量膳食纤维，不但能促进胃肠道蠕动，加速粪便排出体外，还能增加粪便的含水量，让粪便变湿变软，易于排出。

3 补充营养

和人类吃蔬菜的主要目的一样，通过吃猫草，猫咪能够获得更多的维生素和矿物质，补充身体所需的营养素。

如何获得猫草

1 野外采集

这是零成本的一种方法。要注意了解采集点是否打过除草剂、杀虫剂等农药以及是否有可能被狗用尿做过标记。尽量选择人类和宠物不太会去的隐蔽地点采集。

采集的猫草用于日常食用时，应选择柔软的、颜色较浅的嫩叶，老叶容易刺激猫咪呕吐。

在春天野草生长旺盛的时候可以采用这种方法获得猫草。

2 自己种植

自己种植猫草的好处是可以保证猫草的供应，且干净、安全。缺点是相对比较麻烦，如果家里猫咪的数量不多，一次种植的猫草吃不完，很快会变老，不能再吃，而需要吃猫草的时候，新的一批可能还没有长成。

自己种植猫草一般是用小麦、燕麦等植物的种子。网上有很多适合懒人种植的产品，例如连种子带培养基一起包装在纸盒或花盆中的产品，只要打开包装，每天浇水即可。缺点是价格略贵，并且在黄梅时节根部容易发霉。

最经济实惠的是买小麦种子，自己进行水培或泥土栽培。

自己种植猫草最好每隔1周左右种植一盆，这样前面种植的猫草吃得差不多了，后面种植的也刚好能接上。

猫草的种植技巧

网上有各种猫草种植方法，这里介绍一种我自己实践后觉得不太麻烦，猫草长势也比较好的方法。

1 准备一个花盆，花盆里放入土壤，土壤要松软。

准备种猫草的花盆与土壤

2 种子在水中浸泡一晚。

3 松松土，将浸泡好的种子随意撒在土壤上。

种子撒在土壤上

4 在上面覆盖一张报纸或吸水性比较好的纸，也可以用苔藓替代纸张，既好看，保水效果又好。

覆盖苔藓

5 用喷壶喷水，直到土壤湿润。

6　每天坚持喷水（不要浇大量水），直到种子发芽。

发芽的猫草（小麦草）

7　种子发芽后，去除覆盖的纸张（如果用苔藓覆盖，则不用去除），移到向阳处，每隔2～3天浇点水，保持土壤湿润。

8　麦苗长到3～4厘米时，可以用剪刀一次性收割下来，按照本章第四节"猫草的储存"中介绍的方法保存好，随时取用。割过的麦茬，过几天又会长高，可以再次收割。

可以收割的猫草

3 买现成猫草

如果嫌种植麻烦，也可以在网上买种植好的猫草，有盆栽的猫草，也有收割下来的猫草，缺点是价格相对贵一些。

现成猫草

第四节
猫草的储存

新鲜的猫草放在保鲜袋中密封保存，放在冰箱冷藏室里可以保鲜1周左右；放在冷冻室里可以保存更久。因为冷冻后的猫草在室温下会变软变烂，所以每次取出需要的量后应立即放回冷冻室保存。

猫草保鲜袋

第五节

猫草的替代品

猫草的获取和保鲜相对比较麻烦，我们可以根据情况选择一些猫草替代品。

1 化毛膏

可能读者最熟悉的产品就是化毛膏。化毛膏使用起来方便，通常适口性也比较好，猫咪容易接受，所以很多主人会每天给猫咪喂化毛膏来预防毛球症。但是，化毛膏的主要有效成分是油脂，容易使猫咪拉软便。有些产品采用的是矿物油，长期服用会对消化道造成过度刺激，影响正常的消化功能，所以，不建议长期给猫咪服用化毛膏。可以在猫咪刚出现毛球症症状时短期服用。

2 干猫草、猫草粉

优点是方便、天然，猫咪吃完没有什么不良反应。缺点是适口性不好，猫咪可能不爱吃。

猫草粉

猫草片

猫草片原料以猫草粉为主，添加了一些维生素、矿物质，以及改善口感的成分，有些适口性很好，猫咪爱吃。要注意选择质量可靠、成分简单的产品。

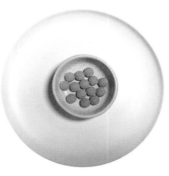

猫草片

蔬菜

除了以上这些商业性的猫草替代产品，还有一类我强烈推荐的猫草天然替代品，就是蔬菜。

蔬菜是猫草的最佳替代品，不但价格便宜，容易获得，还可以给猫咪补充各种维生素和矿物质。

一般来说，除了前面提到的猫咪不能吃的食物，其他人类可以食用的叶菜，只要猫咪能接受，都可以尝试给猫咪吃。下面所

列的蔬菜，都通过了我家4只猫咪的安全性测试。为安全起见，主人最好在下面的清单范围内选择合适的蔬菜给猫咪食用。如果想要开发新的菜品，一定要先少量测试一下，再逐渐增量。

在选择蔬菜时，要注意该种蔬菜草酸含量是否较高，如果草酸含量偏高，应先在水里焯一下，去除大部分草酸，并将焯过菜的水倒掉。如果蔬菜草酸含量不高，那么焯过菜的水无须倒掉，可以加在饭食中给猫咪食用，因为部分水溶性维生素会溶解在水中。

1 叶菜类

普通生菜、红叶生菜、球生菜、圆白菜、黄芽菜、荠菜、苋菜、莜麦菜、紫角叶、红薯叶。

普通生菜

红叶生菜

球生菜

圆白菜

黄芽菜

荠菜

苋菜

莜麦菜

紫角叶　　　　　　　　　　红薯叶

好吃的叶菜

小贴士

1　上述叶菜中荠菜、苋菜、莜麦菜、红薯叶的草酸含量较高。

2　凡是人类可以生吃的菜，都可以给猫咪生吃。如果猫咪不接受生吃，可以在沸水中焯一下，菜变软了再尝试给猫咪吃；凡是人类不可以生吃的菜，必须在沸水中焯过后再喂食。

3　叶菜切成小手指长短的细丝，拌在食物中喂食；如果猫咪不接受，可以尝试用肉片卷着菜丝喂食；或把菜打碎了拌在肉糜中喂食。

4　任何叶菜都只取叶子给猫咪食用，不用茎部。

2 花菜类、根茎类
西蓝花、白萝卜、甜菜头。

西蓝花

白萝卜

甜菜头

小贴士

1 西蓝花的根茎纤维太粗，容易刺激猫咪的消化道，导致呕吐，因此给猫咪吃西蓝花应取其花的部分，蒸熟后捣碎拌在猫饭中，或将花的部分切碎，拌在猫饭的食材中，一起做熟。

2 白萝卜有促进胃肠蠕动、增进食欲、帮助消化的功能。将白萝卜切片蒸熟，捣成泥，拌在猫饭中喂食。

3 甜菜头富含膳食纤维，还含有丰富的维生素。将甜菜头去皮打碎后直接拌在猫饭中喂食即可。

3 茄果、瓜菜类
老南瓜、秋葵。

老南瓜

秋葵

小
贴
士

1 老南瓜富含膳食纤维，可以加快胃肠道蠕动，软化粪便，同时也含有丰富的维生素。猫咪也很容易接受，特别适合经常便秘的老年猫。注意最好不要买那种口感太"粉"的南瓜，"粉"说明淀粉含量高。

2 秋葵中的黏液是一种糖聚合体，含有丰富的果胶，可以吸水膨胀软化粪便，秋葵的果皮又富含膳食纤维，可以促进胃肠道蠕动，因此秋葵具有润肠通便、改善便秘的作用，特别适合排便不太顺畅的老年猫。

1 海藻类
裙带菜、紫菜。

裙带菜

紫菜

1　裙带菜含有大量膳食纤维，而且干燥的裙带菜非常容易保存，用作食材时只要在清水中泡发5分钟即可，是非常方便的猫草替代品。同时裙带菜的含钙量非常高，是牛奶的10倍左右，因此也可以作为植物性钙源。但是，有些猫咪可能会对裙带菜中所含的蛋白质过敏。因此，应先试着给猫咪喂少量裙带菜，如果出现呕吐、瘙痒等过敏反应，就不要再给猫咪食用了。

2　紫菜和裙带菜一样，不但含有大量膳食纤维，还含有各种维生素和矿物质，保存和泡发也非常方便。同样地，紫菜也富含蛋白质，因此应先试着给猫咪喂少量紫菜，测试是否会出现过敏反应。

饮水也很
重要

猫咪为什么不爱喝水

猫咪最让主人头疼的事情之一就是不爱喝水。这与猫咪的祖先有关。我们现在的家猫的祖先是非洲沙漠的野猫。它们为了适应沙漠中的干旱环境，已经进化成耐旱动物。只需很少的清水，加上捕食获得的动物体内所含的水分，就能满足猫咪对于水分的需求。因此，猫咪对饮水没有很强烈的渴望。

摄水量不足对猫咪健康的影响

在自然环境中，即使在沙漠缺水的环境下，猫咪都可以从食物中获得满足正常生理功能所需要的水分（猎物体内的血液以及肌肉组织中所含的水分占动物体重的70%左右）。而家养的宠物猫，如果食物变成了含水量仅仅为10%左右的干粮，饮水的习惯却没有改变，那么实际的摄水量就会大大降低，从而不可避免地增加了患尿结石的风险。

如何让猫咪多喝水

对于猫咪，如果只是将一碗清水放在地上，让它自由饮用，那么大多数情况下，猫咪的饮水量会不足。因此，我们需要想些办法，"诱惑"猫咪多饮水。常见的方法有以下几种。

1 使用饮水器

猫咪喜欢饮用流动水。市面上有各种可以为猫咪提供流动饮用水的饮水器产品，主人可以尝试一下，但是要注意产品的安全性。有些产品是通电的，可能会出现漏电的情况；有些产品用了劣质的塑料，长期使用对猫咪的健康有危害。

我自己曾经买过一台饮水器，但是我家的猫主子们只好奇了5分钟，就再也不"光顾"了。

2 多设饮水点

猫咪不喜欢主动到地面上固定的饮水点喝水（有些主人说自家的猫咪吃完猫粮就会去喝水，那是因为猫粮太干了；还有的商家为了让猫咪多喝水，在猫粮中添加了盐，所以猫咪会主动去喝水，但饮水量仍然不足），但是猫咪是好奇心很强的动物，所以我们可以在它活动的路径上，尤其是它经常会跳来跳去的柜子上等高处，多设置几个饮水点，这样，好奇的猫咪在路过时就有可能去"光顾"一下。

这个方法我自己也试过，但是效果一般，而且比较麻烦，因为需要清洁很多盛水的碗。

3 从小培养主动喝水的习惯

我遇到过一只喝水从来不需要主人操心的猫咪，叫"元宝"。元宝小的时候因为感染了猫传染性腹膜炎而瘫痪，需要每天吃很多药。当时我每天去元宝家帮助它的主人给它喂药。喂药之后，我总会用针筒再喂元宝一点清水。当时元宝的一日三餐也都是我抱在怀里喂，饭后我也总是会再给它喂一点清水。元宝对我非常信任，无论我给它喂什么，它都会吃。元宝康复之后，它的主人给它在固定的地点放了水盆，它经常会自己去喝水，从来不让人操心。

元宝的案例告诉我们，如果从小培养，或许猫咪会养成主动喝水的好习惯。

4 在食物中加水

我使用过的猫咪接受度最高的方法是将清水加入可以生食的肉糜中，搅拌均匀后喂食，我家4只猫咪每次都能连肉带水吃完。

也可以在猫咪喜欢吃的猫罐头或其他湿粮里加上清水，搅拌均匀后给猫咪食用。

喂食原则是水能够溶入食物中。如果给猫咪喂大块的生骨肉，再加上清水的话，猫咪多半会把水剩下。

5 用牛奶补水

从小给猫咪养成喝牛奶的习惯，可以轻松补水。

6 用汤代替清水

　　我们可以购买各种汤罐来给猫咪补水（要注意选择质量可靠的产品，最好是无添加的产品），但是最安全、最实惠的方法还是给猫咪自制各种美味可口的汤，可参照第9章"自制猫咪汤谱"中的汤谱。

　　我家猫咪一天吃三顿正餐，每餐都会添加20克左右的清水或汤，再加上早上和晚上各喝30克牛奶，这样一天就能轻松补充120毫升的水，再加上食物（生骨肉或自制湿粮）中的水分，它们几乎不喝水盆里的水，但是每天都会排尿3～4次，而且尿团都很大，尿的气味比较淡，颜色也比较浅，说明它们摄入的水分已经足够了。

自制猫咪
汤谱

本章中所有汤谱均适合主人和猫咪共享。主人可以根据自己的口味加入盐、胡椒粉等调味料，给猫咪食用的汤可以不加调味料或加少量食盐提升适口性。可以一次多做一点汤，按照第10章第七节"自制猫饭的保存技巧"分装后放入冰箱冷冻保存。

第一节

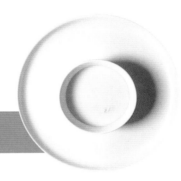

鸡蛋汤

🍲 **食材**　鸡蛋1个；鲜牛奶50克；黄油适量

👨‍🍳 **制作步骤**

1 炒锅烧热，加入少量黄油。
2 黄油化开后打入一个鸡蛋。
3 大火煎蛋半分钟左右至底部开始凝结，用锅铲将鸡蛋划碎并快速翻炒，直至鸡蛋碎略微焦黄。
4 加入200毫升清水和50克牛奶，搅拌均匀后，大火煮沸，再转小火，盖盖煮5分钟左右至汤呈奶白色即可。

小贴士

1 没有黄油也可以用其他食用油代替。猪油、鸡油等动物油比植物油做出来更香，但要注意用量要少。
2 盐可以不放，为了提高适口性，也可以放点盐提鲜。本章所有的汤都可以根据猫咪的喜好不放盐，或少放一点盐。

第二节

排骨汤

🍲 **食材**　猪肋排250克；牛奶50克

🍳 **制作步骤**

1. 猪肋排洗净，切成小块。

2. 炒锅烧热，下入少量食用油（最好用猪油或鸡油），倒入肋排煸炒至两面略微焦黄出油。

3. 加入适量清水和牛奶（清水盖过肋排，牛奶约50克），煮开后转小火慢炖。

4. 煮至肉酥烂脱骨，汤呈奶白色即可关火。

小贴士

1. 煮好的排骨捞出，主人可以自己食用，也可以取一些排骨肉给猫咪吃。猪肉脂肪含量高，猫咪一般都很喜欢吃。

2. 也可以将肋排换成杂排或肘子。做好的汤要撇去过多的油，只保留少量的油增加香味即可。

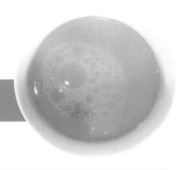

第三节

鸡汤

🥗 **食材**　　老母鸡1只；生姜几片

👨‍🍳 **制作
步骤**

1　老母鸡去除内脏，洗净后分割成小块。

2　将鸡块放入炖锅内，放入生姜片，加清水没过鸡块。

3　大火煮开后转小火炖2小时左右，炖至鸡块酥烂脱骨即可关火。

小贴士

1　煮好的鸡块捞出，主人可以自己食用，也可以取一些鸡肉给猫咪吃。

2　冷冻好的鸡汤也可做高汤使用，非常方便。

3　也可以将老母鸡换成普通的鸡或鸡胸肉。

第四节

鱼骨汤

食材 草鱼片去两块鱼身肉后剩下的鱼头和鱼骨；牛奶50克；生姜几片

制作步骤

1 鱼头去鳃洗净，劈成两半；鱼骨剁成几段。

2 炒锅大火烧热，加入少量食用油，加入姜片爆香，再加入鱼头和鱼骨煎至两面略微焦黄。

3 加入适量清水（没过鱼头和鱼骨）以及牛奶，大火煮开后转小火炖15分钟左右，至鱼汤变成乳白色即可关火。

4 用漏勺捞出汤里的食材，鱼骨鱼刺丢弃不用，鱼肉用手捏散加入汤中。

小贴士 也可以用其他鱼类按此方法做鱼汤。

鲫鱼浓汤

食材　鲫鱼1条

制作步骤

1　鲫鱼去鳃、内脏以及鱼鳍（不用去鱼鳞），洗净后切成合适的小块。

2　将鲫鱼块放入破壁机内，加入适量清水（刚刚没过鱼块）。

3　按下"浓汤"键，等待机器将鲫鱼打成浓汤即可。

小贴士

1　用本章第四节的方法做鱼骨汤或鱼汤比较麻烦，尤其是鲫鱼刺较多，挑刺非常麻烦。如果有可以做浓汤的破壁机，用鱼做浓汤非常方便，而且保留的营养成分更多。在网上搜"流食机"或"流食破壁机"，可以找到同样有做浓汤功能的电器，价格比较便宜。

2　用破壁机连骨打成的鱼汤不但富含蛋白质，还含有丰富的钙，是很好的补钙食物。

南瓜浓汤

食材　老南瓜200克；鸡蛋1个；牛奶50克；奶油奶酪20克；黄油5克

制作步骤

1　老南瓜去子去蒂，洗净，连皮切成小块。

2　切好的南瓜放入炖锅内，加入适量清水，大火煮开，转小火炖至南瓜皮肉软烂。

3　加入牛奶、奶油奶酪和黄油，用手动搅拌器搅拌均匀，使其成南瓜糊。

4　在小碗中打入一个鸡蛋，用筷子打散成蛋液。

5　一边将蛋液均匀地淋入锅中，一边用筷子顺着一个方向搅拌南瓜糊，至蛋液凝固即可。

小贴士

1　这道南瓜浓汤富含膳食纤维，搭配生骨肉主食，是一顿不错的猫饭。

2　如果主人也想食用，可以加点盐和黑胡椒粉。

第七节

金枪鱼浓汤

🍲 **食材**　油浸金枪鱼罐头70克；鸡蛋1个；牛奶100克

👨‍🍳 **制作
步骤**

1　油浸金枪鱼罐头滤去大部分的油；鸡蛋煮熟剥壳，切成小块。

2　将金枪鱼肉和鸡蛋块放入合适的容器中，加入牛奶，用料理机打成金枪鱼浓汤。

3　在饮用水中加入适量金枪鱼浓汤调味后，给猫咪饮用。

小贴士

1　金枪鱼罐头买人类可食用的就可以，不用担心含盐量，因为做好的金枪鱼浓汤只是作为调味剂加在水里给猫咪喝，单次摄入的盐量不会很多。

2　这样做出来的金枪鱼浓汤还可以作为天然诱食剂加在猫咪的饭食中。如果牛奶的量减少一点，做成金枪鱼酱，可以作为自制健康猫条给猫咪当零食。

3　少加一些牛奶（只加50克左右），就可以做成比较浓稠的金枪鱼酱，主人可以抹在面包上自己享用。

第八节 综合肉汤

🥣 **食材**　猪瘦肉100克；牛瘦肉、鸡胸肉各50克；金枪鱼罐头40克；鸡肝20克

👨‍🍳 **制作步骤**

1 所有食材清洗干净（金枪鱼罐头除外），去除筋膜，切成小块。

2 将处理好的食材（金枪鱼罐头除外）放入煮锅中，加入500毫升清水。

3 大火煮开后转小火，加入金枪鱼罐头，煮10分钟左右关火。

4 将煮好的肉和汤放入料理机打成浓汤即可。

小贴士

1 这款肉汤营养丰富，适口性好，可以加在饮用水中作为调味剂给猫咪补水。煮食材时水的量少一点，就可以做成自制猫条。这款肉汤还可以在猫咪食欲不振的时候（患病时或术后等）作为主食补充营养。

2 但不是所有的猫咪都喜欢其中每一样食材的味道，尤其是有着特殊气味的鸡肝，有的猫咪很喜欢，有的猫咪却很讨厌，因此在做这款肉汤之前，应先确认猫咪是否喜欢其中的食材，可以将猫咪不喜欢的食材剔除。

3 如果家里有破壁机，最好用破壁机来做浓汤，不仅方便，而且做出来的汤更为细腻。这样做出来的汤特别适合喂给患病不愿意进食的猫咪，主人可以用针筒喂食。

10

自制猫咪
食谱

自制猫饭的原则

　　猫咪是专性食肉动物，饮食比较简单，只要掌握以下原则，就可以给猫咪自制健康美味的饭食啦！

1　以肉为主，饮食零碳水或低碳水。

2　大约每周补充1次内脏（心、肝、肾）和骨骼，肉、内脏、骨骼的比例大约为8∶1∶1。

3　完全生骨肉喂养，或以生骨肉为主，辅以熟自制猫饭，以确保摄入足够的牛磺酸。

4　每天摄入猫草或蔬菜等含膳食纤维的食物。有些参考书上写添加蔬菜的量在3%～5%。但是根据我的经验，按生的食材重量计算，每顿可以添加10%～20%，一天添加1～3顿。猫草或绿叶菜，质量比较小，可以添加10%左右；南瓜、秋葵等质量比较大的蔬菜，可以添加20%左右。举个例子：如果一餐的生肉量为50克，那么可以添加50×10%=5克的绿叶菜，或者50×20%=10克的南瓜或秋葵等。
具体添加的量应根据猫咪的反应来调整：如果添加含膳食纤

维的食物后，猫咪的大便仍然很干燥，呈羊粪蛋状，排便较困难，可以适当增加含膳食纤维食物的量；如果猫咪呕吐出未消化的猫草或蔬菜，排除毛球的影响后，应适当减少含膳食纤维食物的量。

年轻猫、活动量大的猫可以少添加一点；老年猫、活动量少的猫应多添加一点。

5 注意补充水分，可以添加在每一顿猫饭里，也可以在两顿猫饭间隙单独给猫咪喂一点汤。每一次补充的水或汤在20克左右。

6 饮食的温度在37℃左右。

7 如果猫咪不太爱吃某种食物，可以添加少量自制的天然诱食剂（诱食剂种类及部分制作方法见本章第六节"天然诱食剂"）。

第二节
猫咪可以吃的食材

猫咪是专性食肉动物，不需要摄入碳水化合物，需要的维生素和矿物质可以从各种肉类中获得。猫咪不爱喝水，需要摄入一定的膳食纤维促进胃肠道蠕动。我们在自制猫咪饭食时，要注意提供多样性的动物蛋白、一定的钙、一定量的膳食纤维以及充足的水分。

1 蛋白质来源

1 畜肉类
兔肉、牛肉、羊肉、猪肉等。

兔肉	牛肉

羊肉   猪肉

2   禽肉类
      鸡胸肉、鸭胸肉、鹌鹑肉等。

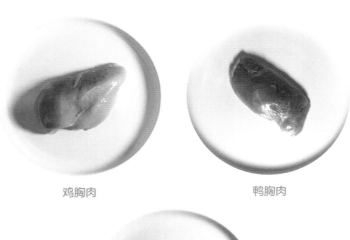

鸡胸肉   鸭胸肉

鹌鹑肉

3 海鲜类

红娘鱼、鲭鱼（青花鱼）、三文鱼、鲳鱼、带鱼、马鲛鱼、贻贝、扇贝、海虾等。

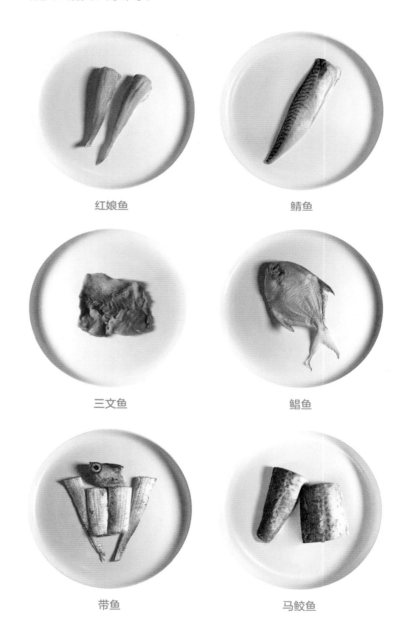

红娘鱼　　　　　　　　　　　鲭鱼

三文鱼　　　　　　　　　　　鲳鱼

带鱼　　　　　　　　　　　马鲛鱼

贻贝、扇贝、海虾

小贴士

1　有些海鱼含有硫胺素酶，生吃会破坏食物中的硫胺素（即维生素B_1）。但是硫胺素酶具有热不稳定性，如果将海鱼加热做熟，就不用担心这个问题。如果主人想给猫咪生吃海鱼，只要不是长期大量吃，通常也没有问题。如果不放心，可以在生吃海鱼时，给猫咪喂一些富含维生素B_1的食物，例如啤酒酵母、瘦肉、动物肝脏、动物肾脏等。

2　有些参考书将贝类列入猫咪不能吃的食物，这是因为贝类不易消化。但是如果猫咪喜欢吃贝类（我家腊月就特别喜欢吃），可以少吃一点，最好选择软体的贝类。上面列出的扇贝和贻贝，每次吃2个左右，一般不会有什么问题。但是有一次我给腊月吃鲍鱼，它吃完很快就吐了，可能是因为鲍鱼的肉太厚实，而猫咪无法像人类一样把肉嚼碎，导致不好消化。

4　河鲜类
草鱼、鲢鱼、鲫鱼、泥鳅、河虾等。

小贴士

淡水鱼虾比较容易携带肝片吸虫等寄生虫，所以不建议生吃。

5　蛋类
鸡蛋、鸭蛋、鹌鹑蛋等。

6 动物内脏

鸡心、鸭心、兔心、兔肾、鸡肝、鸭肝、兔肝等。

小贴士 心、肝、肾等动物内脏营养丰富，富含蛋白质和各种维生素，少量喂食有益于营养均衡，但是过多喂食则有可能引起健康问题，例如肝脏喂食过多容易引起维生素A中毒；而心和肾喂食过多则会导致胆固醇过高。一般一周喂1~2次，一次喂1~2个即可。

2 钙的来源

肌肉组织中含磷多含钙少，如果长期只给猫咪吃各种肉类，容易导致缺钙，因此要注意补钙。可以根据情况选择以下钙源。

1 鸡骨泥

如果有条件，可以买冷冻的鸡骨架，剔除脂肪，清洗干净之后打成鸡骨泥。

鸡骨泥

2 乌贼骨粉

乌贼骨粉是乌贼骨磨成的粉，中药房有售，十几元一大瓶，可以适量添加在猫咪的饭食中，还可以作为天然摩擦剂在给猫咪刷牙时用。

乌贼骨粉

3 带壳虾

虾壳富含钙，但煮熟了会变硬，猫咪吃了容易呕吐。建议选择可以生吃的海虾，去掉较硬的头尾部和须脚，连壳喂食，或将河虾连壳打成泥做熟后喂食。

带壳虾

4 虾皮

虾皮富含钙，且没有任何危险性，可以添加在猫咪的饭食中作为钙的来源。

虾皮

5 泥鳅

选用手指粗细的野生泥鳅，去除内脏清洗干净后，放入沸水中焯一下马上捞起，连骨带肉给猫咪食用。这种泥鳅的骨头比较细小，外面包裹着肉，猫咪吃起来比较安全。养殖的泥鳅偏大，相对来说不太安全。

泥鳅

6 鹌鹑

鹌鹑是野生状态下的猫咪很喜欢的天然食物之一。生鹌鹑去除头颈和腿骨后，连骨带肉给猫咪喂食。

鹌鹑

7 软骨

各种软骨都可以给猫咪安全补钙。如果猫咪自己不会或不喜欢啃咬软骨，可以将软骨打碎后拌在食物中。

鸡软骨

8　牛奶

　　牛奶的含钙量比较高，每100克牛奶大约含100毫克钙。如果猫咪能够耐受牛奶中的乳糖，喝了牛奶以后不会腹泻，可以每天给猫咪喝一点牛奶补钙。

牛奶

3　膳食纤维的来源

　　参见第7章"猫草"。

4　水分的来源

　　参见第8章"饮水也很重要"以及第9章"自制猫咪汤谱"。

生骨肉食谱

1 喂生骨肉的注意事项

本书中的生骨肉泛指所有可以给猫咪作为主食的带骨或不带骨的生肉。生骨肉是猫咪最佳的天然食物。给猫咪喂生骨肉，要注意以下几点。

1 剔除脂肪

猫咪在野生状态下猎取的小动物几乎没有肥胖的，而我们现在所能获得的生骨肉几乎都来自饲养的动物，即便是瘦肉，脂肪含量也很高，因此，给猫咪喂生骨肉，应剔除脂肪。

2 每周喂一次动物内脏

建议定期给猫咪喂一点动物内脏。我在农村看到农民散养的猫咪抓了老鼠，会剩下毛皮、肠胃以及尾巴，除了吃掉肌肉和骨骼，还会把心、肝、肾等内脏吃掉。

为了保证营养均衡，如果主人准备给猫咪以生骨肉为主食，那么最好每周喂一次心、肝、肾等动物内脏。但是一次喂食的量不要过多，如果是给猫咪喂鹌鹑、兔子之类小型动物的内脏，每次喂1个内脏就可以了，也可以遵循"肉：内脏：骨骼＝8：1：1"的原则喂食。

3 注意补钙

肌肉中钙少磷多，如果能经常（如每周一次）给猫咪喂食鹌鹑之类的完整动物，就不需要额外补钙，但如果长期给猫咪喂食鸡胸肉之类的肉，就要注意补钙。参见第10章"自制猫咪食谱"第二节"猫咪可以吃的食材"。

4 肉的来源

选择经过检疫的人类可食用级别的肉类，并在-20℃以下冷冻7天以上（有助于杀死可能存在的寄生虫）。

5 -20℃以下冷冻

生骨肉的原料最好选择冷冻产品，而不是生鲜产品，因为屠宰场切分好肉类之后会极速冷冻，这样的肉类细菌含量较少。将肉类在-20℃以下冷冻7天以上，也能将可能存在的寄生虫杀死。而市场上售卖的生鲜产品，如果在室温下放置2小时以上，就会产生大量细菌。这类生鲜产品最好用来做熟自制猫饭。

6 解冻方法

在冰箱冷藏室缓慢解冻，或用流动水冲洗急速解冻。不要放在常温下长时间解冻，那样会导致细菌大量繁殖。

7 不能生食的肉

猪肉。生猪肉可能会携带一种名为"伪狂犬病毒"的致命病毒，喂食生猪肉有可能使猫咪感染这种病毒，患上"伪狂犬病"，严重时会导致死亡。目前这种病只能预防，没有有效的治疗措施。

淡水鱼虾。淡水鱼虾可能会携带各种吸虫的幼虫，猫咪食用后容易感染。而我们平时给猫咪用的驱虫药并不能杀死吸虫，因此不建议给猫咪生吃淡水鱼虾。

海鱼。有些海鱼含有硫胺素酶，生吃会破坏食物中的硫胺素（即维生素B_1）。偶尔少量生吃海鱼，或生吃某些不含硫胺素酶的海鱼是可以的。

8 生骨肉的形状
大块的、猫咪无法一口吞下的肉

给猫咪喂处理后的整只鹌鹑或半只鹌鹑，可以让猫咪通过撕扯、啃咬等动作将食物分解成可以吞咽的小块，这些动作可以使牙齿和牙龈得到清洁，防止牙结石的形成。但是，猫咪不会像人类一样咀嚼食物，它们会将撕咬下来的肉块直接吞咽，因此，这种形式的生骨肉不适合喂给幼猫、老年猫以及消化功能不好的猫咪。

处理后的整只鹌鹑

手指大小的肉片

将肉片切成手指大小，主人捏着一端，另一端让猫咪自己撕咬，能起到清洁猫咪口腔的作用，且容易消化。这样的喂食方法适用于大部分猫咪，包括3月龄以上的幼猫、老年猫以及消化功能不太好的猫咪。在喂食过程中要注意避免手指被误咬。

细小的肉丁

将肉切成细小的肉丁后喂食，更有助于消化。这样的喂食方法适用于大部分猫咪，包括3月龄以上的幼猫、老年猫以及消化功能不太好的猫咪。

肉糜/骨肉泥

将肉或带骨的肉搅成肉糜或骨肉泥后喂食，有助于猫咪消化，也便于加入清水以及各种蔬菜。这样的喂食方法适用于全年龄段的猫咪，包括2月龄以上的幼猫、老年猫以及消化功能不太好的猫咪。

主人可以根据自家猫咪的情况，灵活变换生骨肉的形状。

容易消化

肉片、肉丁、肉糜

9 生骨肉的温度

猫咪喜欢温热的食物，而生骨肉又需要在解冻后尽快给猫咪食用，我们可以将生骨肉在沸水中快速焯烫或在生骨肉中加入沸水，让生骨肉很快达到温热的程度。

10 营养均衡

以生骨肉为主喂养猫咪时，要注意营养均衡。主人没有必要研究每一种食材具体含有哪些营养素、含有多少营养素，只要注意以下几点就可以了。

食材尽量多样化。鸡肉、鸭肉、兔肉、鱼肉等轮换着吃，不但能避免猫咪养成挑食的坏习惯，还能确保营养均衡。

每周喂1次心、肝、肾等动物内脏。动物内脏只能作为辅食，不能作为主食。如果是鹌鹑、兔子等小型动物的内脏，每次喂1个即可。

每周喂1～2次动物骨骼或其他含钙食物（参见本章第二节"猫咪可以吃的食材"中"钙的来源"）。

每天1～3顿饭搭配含膳食纤维的食物。对于年轻活跃的猫咪，含膳食纤维的食物可以少搭配一些；对于年老少动的猫咪，含膳食纤维的食物可以多搭配一些。

2 生骨肉食谱

说明

1. 以下生骨肉食谱有的是单独一餐的配方，按照生骨肉的总量一顿40克配制，主人可以根据自家猫咪的情况按比例调整；有的是一次性做多餐的配方，做完后，每次喂食按照猫咪的食量取用即可。

2. 猫咪喜欢温热的食物（37℃左右），在部分食谱的操作步骤中会提到将食材在沸水中焯一下，这是为了让食材达到合适的温度，而不是为了煮熟。在室温较高的时候（如夏季），可以不焯水，直接加入煮沸的汤水即可。

缤纷兔肉

🍲 **食材**　兔里脊肉（连兔心和兔肾共40克）；兔心1个；兔肾1个；兔肋排10克；生菜5克（去除根部后的重量）；鱼汤适量

👨‍🍳 **制作步骤**

1　兔里脊肉洗净切成小丁；兔心去除油脂、包膜、血块后洗净切成小丁；兔肾洗净切成小丁；兔肋排洗净。

2　生菜去除根部洗净，叶子切成手指长短的细丝。

3　鱼汤煮沸，下入生菜丝焯一下，变软后捞起备用。

4　将兔肉丁、兔心、兔肾和兔肋排放在食盆中，配上生菜丝，淋上20克左右煮沸的鱼汤，搅拌均匀即可。

小贴士

1　食用兔肋排可以帮助猫咪磨牙，锻炼咀嚼肌，还可以补钙，营养又安全。第一次喂食的时候建议主人用手捏着一端（注意安全）给猫咪喂食，确保猫咪将肋骨咬碎后再吞食。消化功能不好的老年猫，尤其是有胃溃疡史的猫咪不要吃兔肋排。

2　如果猫咪比较年轻，消化功能比较好，兔里脊肉、兔心、兔肾可以不切成小丁。同样，第一次喂食的时候建议主人用手捏着一端给猫咪喂食，确保猫咪将肉撕咬成小块后再吞食。

3　这个食谱有肉，有骨，有内脏，有蔬菜，还有汤，营养丰富。后面的一些食谱可能只有其中的一部分，主人可以根据情况搭配上需要补充的食材。

牛肉南瓜

🍲 **食材**　牛瘦肉40克；老南瓜10克；乌贼骨粉1小勺（约1克）；鸡汤适量

👨‍🍳 **制作步骤**

1　牛瘦肉解冻洗净，大部分切成半厘米见方的小丁，小部分切成手指大小的条状（1~2条）。

2　南瓜洗净，连皮切成小块，放在鸡汤里煮至软烂。

3　牛肉丁和牛肉条在煮沸的鸡汤里焯一下，放在食盆中，加入捣成泥的南瓜、乌贼骨粉以及20克左右煮沸的鸡汤，搅拌均匀，待温度合适即可喂食。

小贴士

1　南瓜皮含有丰富的膳食纤维、维生素、矿物质等营养成分，如果猫咪能够接受，最好将南瓜连皮给猫咪吃，如果猫咪不能接受，可以将南瓜连皮煮完后去除南瓜皮。

2　将牛肉切成小丁喂食有助于猫咪消化，切成长条喂食是为了清洁猫咪的牙齿，锻炼猫咪的撕咬能力。如果猫咪是牙齿和胃肠功能都很好的年轻猫，可以将牛肉全部切成长条。如果猫咪是幼猫或老年猫，可以将牛肉全部处理成肉糜。

3　食材中的乌贼骨粉可以在中药房里买到，非常便宜，既可以作为钙源给猫咪补钙，还可以作为天然摩擦剂给猫咪刷牙。

鸡肉秋葵泥

🍲 **食材**　鸡胸肉200克；秋葵20克

👨‍🍳 **制作步骤**

1　鸡胸肉解冻洗净后切成小块。

2　秋葵洗净后放入沸水中煮2～3分钟，煮至颜色变得翠绿、表皮变软，捞出去蒂，切成小段。

3　将鸡肉块和秋葵段放入料理机中打成泥。

4　取适量打好的鸡肉秋葵泥放在食盆中，加入20克左右沸水，搅拌均匀，待温度合适即可喂食。

小贴士

1　要选取比较嫩的秋葵。颜色较浅、头部较软的秋葵比较嫩。也可以将秋葵换成其他安全的蔬菜。

2　将蔬菜和肉打在一起，就不需要每次喂食的时候再准备蔬菜，比较方便。但是应注意不要将菜打得太碎。长纤维比短纤维更有助于促进胃肠道蠕动，排出毛发。对于容易打碎的叶菜，可以先将肉块基本打碎后再加入料理机中和肉一起打碎。

3　可以一次多做一点，然后分装好，放入冰箱冷冻保存。

4　加入沸水一是为了补充水分，二是为了调和温度。在寒冷季节，室温较低的时候，20克沸水可能不足以让40克左右的鸡肉泥达到所需的温度。这时可以将食盆放在盛有沸水的容器中，水浴几分钟。

5　这个食谱没有搭配内脏和骨骼，但日常吃是完全没有问题的，只要每周能补充1～2次内脏和骨骼即可。

鸡肉鸡心泥

食材　鸡胸肉200克；鸡心25克

制作步骤

1　鸡胸肉（去除脂肪）解冻洗净后切成小块。
2　鸡心去除油脂和血块，洗净。
3　鸡肉块和鸡心放入料理机中打成泥。
4　取适量打好的鸡肉鸡心泥放在食盆中，加入20克左右沸水，搅拌均匀，待温度合适即可喂食。

小贴士　可以根据需要搭配富含钙和膳食纤维的食物。

海虾鸡肉配青菜

🍲 **食材**　海虾1个；鸡胸肉1小块（虾和鸡肉共50克）；小油菜5克；鱼汤适量

👨‍🍳 **制作步骤**

1 海虾解冻洗净后，去除须、脚、头尾的硬壳。

2 鸡胸肉解冻洗净后切成小块，放入料理机中打成泥。

3 小油菜只保留绿色菜叶部分，洗净，切成手指长短的细丝。

4 鱼汤煮沸，放入海虾和小油菜丝焯一下捞出。

5 海虾、鸡肉泥和小油菜丝放入食盆，加入20克左右煮沸的鱼汤，待温度合适即可喂食。

🐾 **小贴士**

1 海虾不要选个头太大的，太大的壳太硬，猫咪食用后容易呕吐。

2 海虾在沸水中焯一下，虾壳略微变红即可，不要煮太久，煮的时间太长，虾壳完全变红会变得太硬，同样容易刺激猫咪呕吐。

红娘鱼鸭肉配裙带菜

食材　红娘鱼20克；鸭胸肉20克；裙带菜2克（泡发后的重量）；排骨汤适量

制作步骤

1　红娘鱼解冻洗净后切成长条。

2　鸭胸肉解冻洗净后切成小丁。

3　裙带菜泡发洗净后切成手指长短的细丝。

4　排骨汤煮沸，下入裙带菜丝煮软后捞出。

5　红娘鱼条和鸭胸肉丁放入排骨汤中焯一下捞出，放入食盆，加入裙带菜丝和20克左右煮沸的排骨汤，待温度合适即可喂食。

小贴士

红娘鱼是野生海鱼，营养价值高，且价格不贵，一般都是去头去内脏剥皮后销售，处理起来非常方便，同时它除了一根脊椎骨，没有小刺，非常安全。将红娘鱼切成长条喂食有助于猫咪消化，如果猫咪的消化功能比较好，可以将个头较小的整条红娘鱼直接给猫咪食用，除了锻炼咀嚼肌，中间的脊椎骨因为有生鱼肉包裹，是比较安全的钙源。

鹌鹑鸡肉配紫菜

🥗 **食材** 　鹌鹑1只；鸡胸肉1块；紫菜5克（泡发后的重量）；鱼汤适量

👨‍🍳 **制作步骤**

1 鹌鹑去除头颈、脚爪、腿骨以及皮下脂肪，内脏去除胃、肠（一般买冷冻鹌鹑均已经去除），保留心、肝、肾，肺；用厨房剪将其沿纵向剪成3~4块后洗净。

2 鸡胸肉解冻洗净后切成小块，用料理机打成鸡肉糜。

3 紫菜泡发洗净后剪成细条，鱼汤煮沸，下入紫菜煮散捞出。

4 将1块鹌鹑、适量鸡肉糜（鹌鹑和鸡肉糜共50克）放入食盆，加入紫菜以及20克左右煮沸的鱼汤拌匀，待温度合适即可喂食。

小贴士

1 公鹌鹑皮下脂肪比母鹌鹑少，处理起来更方便。也可以买去皮的母鹌鹑。

2 去除头颈、脚爪、腿骨的鹌鹑连骨生食非常安全，可以补钙，还可以清洁猫咪牙齿、锻炼咀嚼肌。对于年轻、消化功能好、体形较大的猫咪，可以喂整只鹌鹑。对于幼猫、老年猫、消化功能不太好的猫咪，建议每顿最多喂1/3只鹌鹑，一周喂1次即可。

第四节

熟制猫饭食谱

肉糜蒸蛋

食材　　鸡胸肉200克；鸡蛋1个

制作步骤

1 鸡胸肉解冻洗净后切成小块。

2 切好的鸡肉块放入料理机中，打成肉糜，再加入1个鸡蛋，搅拌均匀。

3 打好的鸡肉糜放入碗中，加入适量清水后上锅隔水蒸熟（约15分钟）即可。

小贴士

1 可以将鸡胸肉换成其他肉；如果猫咪能喝牛奶，也可以用牛奶代替清水，不但口感更好，还可以补钙。

2 这是熟制猫饭的入门食谱，方便易做。

3 还可以根据需要加入蔬菜、骨粉或骨泥。

鸡肉丸

🍽 **食材**　鸡胸肉1块；鸡蛋1个；牛奶适量

👨‍🍳 **制作步骤**

1　鸡胸肉解冻洗净后切成小块。

2　切好的鸡肉块放入料理机中，加入1个鸡蛋和适量牛奶，打成肉糜。

3　取一口大一点的煮锅，放入足量清水，开最小火。

4　将一个不锈钢小圆勺在清水中蘸一下后舀一勺鸡肉糜，用筷子稍微修饰一下做成球状，再将勺子放入锅中的清水里，稍微晃动几下，鸡肉丸就会脱落定型。

5　锅中鸡肉丸较多时用勺子轻轻地推动几下，防止粘锅。

6　待鸡肉丸浮起至水面即可捞出，待温度合适后给猫咪喂食。

7　多余的鸡肉丸可以分装在保鲜袋中，放在冰箱冷冻室保存。需要时下入清水中煮至合适温度即可。

小贴士

1　煮鸡肉丸的水可以作为肉汤加在猫咪的饭食中。

2　将鸡肉糜做成肉丸后也可以放入蒸屉隔水蒸熟。

鱼丸

🍲 **食材**　草鱼1条；鸡蛋1个

👨‍🍳 **制作步骤**

1　经过预处理的草鱼去头洗净，鱼身部分从尾部开始用刀贴着脊椎骨片下两片肉（这个步骤可以请鱼贩帮忙完成）。

2　切下胸部带大刺的部分（靠近头部），片下大刺后切成小块；剩下的带小刺的部分（靠近尾部）切成小块。

3　切好的鱼块放入料理机中，打成鱼泥。

4　鱼泥中加入1个鸡蛋，并分次少量加入适量清水，搅拌均匀，至清水被鱼泥完全吸收，成黏稠的糊状。

5　取一口大一点的煮锅，放入足量清水，开最小火。

6　将一个不锈钢小圆勺在清水中蘸一下后舀一勺鱼泥，用筷子稍微修饰一下做成球状，再将勺子放入锅中的清水里，稍微晃动几下，鱼丸就会脱落定型。

7 锅中鱼丸较多时用勺子轻轻地推动几下，防止粘锅。

8 待鱼丸浮起至水面即可捞出，待温度合适后给猫咪喂食。

9 多余的鱼丸可以分装在保鲜袋中，放在冰箱冷冻室保存。需要时下入清水中煮至合适温度即可。

小贴士

1 煮鱼丸的水可以作为肉汤加在猫咪的饭食中。

2 将鱼泥做成肉丸后也可以放入蒸屉隔水蒸熟。

3 如果不会片胸部带大刺部分的鱼刺，也可以将其整块蒸熟，蒸熟后可以轻松去除大刺，剩下的鱼肉可以直接给猫咪吃。

清蒸鱼丁

食材　　草鱼1条

制作步骤

1　经过预处理的草鱼去头洗净，鱼身部分从尾部开始用刀贴着脊椎骨片下两片肉（这个步骤可以请鱼贩帮忙完成）。

2　切下胸部带大刺的部分（靠近头部）备用。

3　剩下的带小刺的部分（靠近尾部）顺着垂直于鱼刺的方向切成手指粗细的条状，再将鱼肉条切成半厘米见方的鱼肉丁。

4　切好的鱼肉丁和切下的胸部带大刺的部分一起隔水蒸熟。

5　去除大刺，待鱼肉温度合适后给猫咪喂食。

小贴士　可以将草鱼换成其他鱼。如果是与草鱼类似的有刺的鱼，如鲢鱼，可以参照草鱼的处理方法进行处理；如果是没有刺的鱼，如金枪鱼、三文鱼，可以直接切片或切丁。

鸡肉虾饼

🥣 **食材**　鸡胸肉200克；虾50克；豆腐50克；鸡蛋1个；秋葵20克；黄油适量

👨‍🍳 **制作步骤**

1　鸡胸肉洗净，切成小块备用。

2　虾去除头、须、尾巴后洗净，连壳剪成小段备用。

3　秋葵洗净后，放入沸水中煮1分钟左右，微微变软即可捞出，切除蒂部，剩余部分切成小块。

4　处理好的鸡肉块、虾段以及秋葵放入料理机中打成泥。

5　打好的肉泥放入大碗中，加入豆腐和鸡蛋，搅拌均匀。

6　取一小块黄油放在小碗中，水浴使其化开。

7　将化好的黄油加入肉泥中，搅拌均匀。

8　平底锅大火烧热，用勺子将肉泥放入平底锅压成小圆饼（做成多个），两面煎至微黄，盖上锅盖，转小火，煎2~3分钟即可。

小贴士　可以一次多做一些，冷却后用保鲜袋分装好，放入冰箱冷冻室保存，需要时用微波炉或平底锅加热一下即可。

第五节

零食食谱

猫条酱

🍲 **食材**　鸡胸肉100克；金枪鱼罐头50克；鸡蛋1个；扇贝2个；牛奶100克；裙带菜10克（泡发后的重量）

👨‍🍳 **制作步骤**

1　鸡胸肉解冻洗净后切成小块。

2　锅中放入适量清水，大火煮开后放入鸡胸肉块，盖上锅盖，转小火煮1分钟左右关火，让鸡胸肉在水中焖上几分钟至全熟，捞出备用。

3　煮肉的水再次烧开，放入泡发后的裙带菜和扇贝肉；扇贝肉略煮一下捞出；裙带菜煮至软烂捞出。

4　鸡蛋连壳煮熟，剥壳后切成小块。

5　将煮好的鸡肉块、鸡蛋、扇贝肉、裙带菜以及罐头金枪鱼全部放入料理机中，加入牛奶打成糊状即成为自制猫条酱。

🐾 **小贴士**　可以从网上买条状的咖啡分装袋和塑封机，用流质喂食器将猫条酱装入分装袋中塑封，即可制成健康美味又方便携带的自制猫条。一次多做一点，然后放入冰箱冷冻保存。需要时泡在热水中回温后给猫咪食用。也可以作为诱食剂使用。

猫草鸡肉条

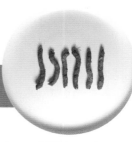

🍲 **食材**　鸡胸肉200克；鸡蛋1个；鸡肝泥20克；猫草5克

👨‍🍳 **制作步骤**

1　鸡胸肉洗净切块，放入料理机中打成肉糜。

2　猫草洗净，剪成1厘米左右长短的小段。

3　将鸡肉糜、鸡肝泥、鸡蛋液（鸡蛋打成鸡蛋液）以及猫草段搅拌均匀，并搅打上劲，使混合肉糜有一定的黏性。

4　混合肉糜装入裱花袋中，并在裱花袋适当位置用剪刀剪出小口，用来挤出肉糜。

5　锅中放入适量清水，开大火，待锅中开始冒水汽时转成小火。

6　将混合肉糜用裱花袋挤入水中，成粗细均匀的圆条状，并在合适的长度用筷子夹断。

7　待肉条浮起后用漏勺捞出，沥干水分，放在食品风干机中低温（40℃左右）风干2小时左右至表面略微干燥即可。

8　风干后的肉条装入保鲜袋中可冷藏保存3~5天，冷冻保存时间更久。

小贴士

1　刚煮好未风干的鸡肉条可以作为熟自制猫饭给猫咪吃。

2　猫咪的牙齿不能咀嚼，所以不要风干太长时间，否则肉条会变得太硬，猫咪不容易消化。

第六节

天然诱食剂

　　给猫咪从吃惯的猫粮换成健康营养的生骨肉或熟自制猫饭的时候，或猫咪食欲不佳的时候，适当食用一点比较健康的天然诱食剂，有助于猫咪进食。以下是我家猫咪试用有效的一些天然诱食剂，主人可以在平时将每一样都给猫咪尝试一下，找到自家猫咪最喜欢的一款，关键时刻可以拿出来作为诱食剂使用。

1　鸡肝泥

　　鸡肝营养丰富，虽然过量摄入（比如长期以鸡肝为主食）容易导致维生素A中毒，但是作为诱食剂，在食物上面抹上一点鸡肝泥是完全没有问题的。不过并非所有的猫咪都喜欢鸡肝的味道，有些猫咪甚至很讨厌鸡肝的味道。

食材　　鸡肝500克

制作步骤

1　鸡肝洗净，去除胆囊、筋膜。

2　将鸡肝放入锅中，加入适量清水，大火煮开后转中火，煮熟后捞出凉凉。

3　煮好的鸡肝放入容器中，用勺子压成泥。

4　将适量鸡肝泥装入保鲜袋中（不要装得太满），用手压成扁平状，再用筷子将扁平的鸡肝泥压成小方块，放入冰箱冷冻保存。

5　掰一小块下来加热后即可作为猫咪的诱食剂。

2　肉松、鱼松

　　猪肉、鸡肉、鱼肉等制作的肉松或鱼松营养美味，通常猫咪都喜欢吃。最简单的方法就是直接买人类可以食用的成品。因为只是作为诱食剂少量添加，所以即使买来的产品中有调味料也没有关系。要注意的是，有些市售的肉松或鱼松会添加大量的豌豆粉等以降低成本。购买时要注意看配料表，尽量买纯肉、纯鱼制作的产品。

　　当然，也可以自己制作更健康的肉松、鱼松。

鸡肉松

食材　鸡胸肉1块

制作步骤

1　鸡胸肉去除油脂和筋膜，洗净，切成指甲盖大小的肉丁。

2　锅里放入适量清水，加入鸡胸肉丁，大火煮开，转小火，撇去浮沫，再煮10分钟左右，至筷子能轻松将肉丁剥散，捞出凉凉。

3　将肉丁装入保鲜袋中，用擀面杖来回碾压，将肉丁压成松散的肉丝。

4　将压散的肉丝倒入大一点的容器中，用手将没有压散的小肉丁尽量撕成细丝。

5　炒锅烧热，倒入少许植物油，晃动炒锅，让整个锅都沾上油。

6　将肉丝倒入锅中，不停翻炒。先用大火炒至水汽明显减少，再转小火。最好双手持铲，边炒边用锅铲将肉丝搓碎。

7　翻炒20分钟左右，至肉松八成干即可出锅。

8　出锅后的肉松凉凉，用料理机略微打几下，使成品更加蓬松。

小贴士

1　用面包机的"肉松键"自制肉松、鱼松更方便。

2　如果主人想和猫咪一起享用，可以在炒肉松时加少许生抽调味调色。

3　炒好的肉松凉凉后装入玻璃罐中密封，放冰箱冷藏保存，可保存1周左右。

马鲛鱼松

🍲 **食材**　　马鲛鱼250克

👨‍🍳 **制作步骤**

1 经过预处理的马鲛鱼去皮洗净，切成小丁。

2 马鲛鱼丁放入碗中，隔水蒸熟。

3 炒锅烧热，倒入蒸熟的马鲛鱼丁大火快速翻炒，至水汽开始减少，转小火。

4 一边翻炒，一边用锅铲将鱼丁压散。

5 翻炒至几乎没有水汽，加入少许植物油翻炒几下即可。

6 炒好的鱼松盛出凉凉，装入玻璃罐中密封，放入冰箱冷藏保存。

小贴士　也可以用金枪鱼等无刺的鱼做鱼松。

3 黄油、奶油奶酪

黄油比较容易获得，大型超市里都会出售。注意不要买人造黄油，人造黄油含有大量反式脂肪酸，对健康不利。要选择动物黄油。

奶油奶酪猫咪也比较喜欢，但是开封后很容易变质，而且不适合冷冻保存，所以只是作为一个选项供主人选择。如果主人正好喜欢吃奶油奶酪，那么不妨分一点给猫咪。

用黄油或奶油奶酪作为诱食剂时，要注意加温，使其化开，这样散发出来的香味会更加"诱猫"。

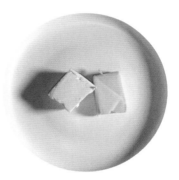

黄油和奶油奶酪

4 金枪鱼罐头

金枪鱼罐头也是很多猫咪喜欢的食物。主人可以购买质量可靠的宠物金枪鱼罐头。我个人更喜欢购买人类可食用的金枪鱼罐头，供人类食用的金枪鱼罐头质量有保证，而且可以和猫咪分享一听罐头，不会浪费。

可以直接将罐头里的金枪鱼肉作为诱食剂，也可以按照本章第五节"零食食谱"中介绍的方法用金枪鱼罐头制成猫条作为诱食剂。

金枪鱼罐头 　　　　　　　　　自制猫条

5 自制猫条

按照本章第五节"零食食谱"制作好的猫条，冷冻起来保存，需要时拿出一支泡在热水中加热后就可以直接添加在猫咪的食物中作为诱食剂，十分方便。

6 猫罐头、猫粮

最后，如果猫咪以前都是以颗粒猫粮、冻干猫粮以及主食猫罐头作为主食，那么可以将颗粒猫粮或冻干猫粮磨成粉作为诱食剂，也可以用少量的主食猫罐头作为诱食剂。在需要的时候，还可以用少量的零食猫罐头作为诱食剂。市售的这类产品大多含有化学诱食剂，猫咪通常很喜欢吃，甚至会上瘾。

我将这类产品列在最后，作为不得已的选择。毕竟，对于动不动就绝食，且一绝食就容易患脂肪肝的猫咪，让它尽早主动进食是最重要的。

但是一定要注意尽量少添加（可以像撒调味料一样撒一点点），并且在猫咪食欲正常后逐渐戒断。

自制猫饭的保存技巧

第七节

自制猫饭虽然健康，但确实比较麻烦。因此我通常会一次多做一些，分装后冷冻保存。每天晚上提前将第二天的食物拿出来放在冰箱冷藏室里，第二天解冻或加热一下就可以给猫咪享用了。下面介绍一些自制猫饭的保存技巧。

1 生骨肉

1 肉丁

我比较喜欢用这种"冻肉分格盒子"来保存肉丁。

切好的肉丁放在这种盒子里冷冻保存，每格正好可以放40～50克，差不多是猫咪一顿饭的量。多个盒子可以叠起来放在冰箱里，整齐美观又方便，还可以重复利用。需要的时候将盒子拿出来，扭一扭，就像从冰块盒里取冰块一样，一格的肉丁可以轻松取出，之后用流动水急速解冻。

冻肉分格盒子

2 肉糜（包括骨肉泥）

推荐以下2种分装方式。

单猫一顿量： 在网上搜"一次性酱料盒"，可以找到各种规格的小盒子，选择60毫升的即可，它可以装40～50克肉糜。保存肉糜的小盒子从冰箱里拿出后水浴解冻即可，非常方便。

多猫一顿量或单猫一天量： 推荐选用这种"密封保鲜袋"，有大、中、小不同规格。将肉糜装进保鲜袋中压扁后密封，冷冻保存。这样保存不占冰箱空间，多袋可以叠放，最重要的是解冻方便快速，只要将整个保鲜袋浸泡在温水中，就可以快速解冻。

一次性酱料盒　　　　　　　　　密封保鲜袋

2 熟自制猫饭

参照肉糜的分装方式分装冷冻保存。

3 蔬菜

1 南瓜

去蒂除子洗净后切块，放入保鲜袋中冷冻保存。可以趁南瓜大量上市的时候多囤一点。也可以一次多煮一点，打成南瓜泥，参照肉糜的分装方式分装冷冻保存。

2 秋葵

洗净不要去蒂,整个放入沸水中煮2~3分钟,至颜色变翠绿,表面有点发软,能闻到菜香时,捞出凉凉,放入保鲜袋中冷冻保存。可以趁夏季秋葵大量上市的时候多囤一点。

3 猫草

放入保鲜袋密封,放冰箱冷藏可以保存1周左右,冷冻可以保存更长时间,但是应用多少取多少,冷冻过的猫草放在室温下会很快软烂。

4 汤

可以在网上买"高汤分装盒",也可以使用酸奶盒,将做好的汤冷却后分装到容器中,放入冰箱冷冻保存。

需要时将盒子放在热水中水浴几分钟,倒出里面的冰块,放入牛奶锅中加热化开后给猫咪饮用。

酸奶盒冷冻鸡汤　　　　　　　冷冻好的汤块

特殊阶段
猫咪的饮食要点

离乳期幼猫（3周龄～6周龄）

从3周龄到6周龄，称为猫咪的离乳期，即俗称的断奶期。在这个时期，猫咪的食物从完全依靠母乳，开始逐渐过渡到可以完全依靠成年猫的食物，不再需要母乳。

1 离乳期饮食原则

在这个断奶换食的过程中，我们要掌握以下原则。

1 食物要容易消化

刚开始可以用蛋奶糊作为母乳的补充，3～5天后，如果猫咪大便正常，可以从少到多逐渐过渡到喂食可以生吃的肉糜。

2 喂辅食次数和喂食量由少到多

刚开始换食的时候（3～4周龄），每天吃1～2顿辅食，每顿喂肉糜5～10克，仍然供应母乳或奶粉（人工喂奶每天喂4～5顿，每顿喂奶10～40毫升）。

之后（5～6周龄）逐渐减少喂奶次数，增加辅食次数和喂食量，最终达到每天1～2顿奶，3～4顿辅食（按生肉量计算，每顿喂肉糜10～40克）。

3 每顿间隔3小时左右

4 养成喝牛奶的习惯

无论猫咪原来是母乳喂养还是人工喂养，我都强烈建议在这个阶段每天给猫咪喝一点普通的纯牛奶，让猫咪养成喝牛奶的习惯。

这个阶段的小奶猫，体内的乳糖酶含量仍然很高，完全可以消化牛奶中的乳糖，如果每天坚持给猫咪喝牛奶，就能使乳糖酶维持在高水平，这样，猫咪长大以后再喝牛奶也不容易因为乳糖不耐受而腹泻。

同时，喝牛奶是最方便的补水、补钙以及补充蛋白质等营养物质的方法。让猫咪从小养成喝牛奶的习惯，有很多益处。

5 宁少勿多，循序渐进

每只猫咪的食量和消化能力有所不同，主人要遵循"宁少勿多，循序渐进"的原则，从每次5～10克肉糜，每天一顿辅食开始尝试，逐步增加喂食次数和喂食量。如果猫咪吃了以后不呕吐、不腹泻，说明可以很好地消化。

6 按需补充益生菌

这个阶段的小奶猫，肠道菌群可能还没有完全建立。如果猫咪拉糊状大便，排便次数没有增加，食欲和精神状态很好，并且已经驱过虫，那么可以尝试给猫咪补充一点益生菌。

2 蛋奶糊的制作

食材　牛奶100克；鸡蛋1个

**制作
步骤**

1　将牛奶倒入小奶锅中。

2　打入1个鸡蛋。

3　将鸡蛋和牛奶搅拌均匀，成为蛋奶液。

4　开小火，用筷子顺着一个方向不停慢慢搅动，
　　直到蛋奶液成糊状并微微冒泡，即可关火。

5　凉至合适温度即可给猫咪喂食。多余的蛋奶糊
　　放入冰箱冷藏保存，需要时水浴加热后喂食。

生长期幼猫（7周龄～12月龄）

大约从7周龄开始，猫咪可以完全断奶（建议每天继续给猫咪喂1～2顿牛奶作为"点心"），到成年后（12月龄～）发育渐趋稳定。而在此期间（7周龄～12月龄），猫咪仍然处于快速生长发育的阶段。

这个阶段的幼猫生长迅速，与离乳期相比，活动量大大增加，所以比成年猫需要更多的营养和能量。

这个阶段的幼猫饮食，我们需要注意以下几点。

1 喂食次数

喂食次数可以逐渐减少，当猫咪在原来的进餐时间熟睡时，可以跳过那一顿。最终可以从离乳期的每天1～2顿奶，3～4顿辅食，过渡到每天1～2顿奶，3顿主食。

2 喂食量

每顿的喂食量应逐渐增加到40～60克（生骨肉），每天的喂食总量为体重的2%～3%。

3 科学补钙

这个阶段猫咪的骨骼正在生长发育中，所以要特别注意补钙。如果没有医生指导，不要随意给猫咪服用钙片，最好每天摄入适量的含钙食物，例如骨泥、骨粉、安全的骨骼（如带骨的生鹌鹑），以及维生素D制剂。牛奶也是很好的钙源。维生素D制剂可以促进钙的吸收。

4 补充膳食纤维

这个时期的猫咪活动量大，胃肠道蠕动快，消化功能强，掉毛量少，即使不吃猫草、蔬菜等含膳食纤维的食物，通常也没有问题。但是，这个时期是猫咪通过学习养成进食偏好的重要时期，因此建议从这个时期开始，经常少量地给猫咪喂食猫草、蔬菜等含膳食纤维的食物。这样，在猫咪成年后，主人就可以毫不费力地根据需要给猫咪喂食各种含膳食纤维的食物了。

5 食材多样化

同样地，在这个阶段，主人应尽量给猫咪尝试各种食物，包括各种生骨肉、各种熟自制猫饭，以及各种品牌的猫粮，从而养出一只不挑食、乐于尝试任何新食物的乖猫咪。

老年猫（8～9岁开始）

猫咪从8～9岁就开始进入老年期了。这个时期的猫咪活动量大大减少，胃肠道蠕动变慢，消化功能减弱，在饮食方面要注意以下几点。

1 食物要容易消化

尽量少喂食干硬的食物，例如颗粒猫粮、冻干猫粮，以及肉干等干硬的零食。喂食生骨肉时，以骨肉泥为主，大的肉块以及带骨肉为辅。比如我家现在11岁的席小小，年轻时一顿能吃2整只鹌鹑，现在我一周给它喂1次带骨鹌鹑，每次只给1/3只，它的饮食平时基本以肉泥为主。

2 多补充膳食纤维

这个年龄段的猫咪大便容易干硬，易发生便秘，因此，除了尽量督促猫咪多运动，在饮食上要注意多补充膳食纤维。我比较喜欢用老南瓜和秋葵这两种食材，因为它们软化粪便的效果比较好。

3 喂食次数

少食多餐。每天最好安排3～5顿。

4 喂食量

与年轻时候相比，老年猫咪每顿的喂食量应有所减少，以不呕吐、不拉软便、不腹泻为宜。

5 科学补钙

老年猫咪容易因为缺钙而导致骨质疏松，所以要注意补钙。如果没有医生指导，不要随意给猫咪服用钙片，最好一周左右摄入一次含钙食物，例如骨泥、骨粉、安全的骨骼（如带骨的生鹌鹑），以及维生素D制剂。维生素D制剂可以促进钙的吸收。如果猫咪年龄较大，牙齿和消化功能都不太好，就需要减少或避免骨骼的直接摄入，而改用骨泥、骨粉、牛奶等更安全的钙源。

要注意的是，钙会吸收粪便中的水分，使粪便干硬。因此，如果发现猫咪排便困难、粪便干硬，应减少钙的补充，或增加膳食纤维的摄入。

12

让猫咪饮食
多样化的重要性

第一节

单一食物喂养的缺点

猫咪是一种很特殊的动物，跟狗狗完全不一样。它们对于食物特别警惕，特别挑剔。

很多从小吃狗粮长大的狗，一旦吃到肉类等天然食物，往往会"幡然醒悟"，不再喜欢吃狗粮这种不健康的人造食物。而猫咪却恰恰相反。它们对于断奶之后所获得的食物无比执着，如果断奶之后猫咪吃到的只有颗粒猫粮，那么长大之后，铲屎官哪怕提供山珍海味，它们都很有可能拒食。很多猫咪甚至只吃一个品牌的猫粮。

用单一食物，尤其是单一颗粒猫粮养大的猫咪，在遇到特殊情况时会有很大的麻烦。比如猫咪很容易得毛球症，就是舔食下去的毛发没有及时排出，堆积在胃里形成毛球，导致猫咪呕吐、腹泻、食欲下降，甚至完全不进食。这个时候，如果主人可以及时给猫咪少量多餐地喂一点膳食纤维含量高的肉糜或其他流质食物，很多时候不需要去医院就可以恢复正常。但是，我得知不少患了毛球症的猫咪，因为除了颗粒猫粮根本不接受其他食物，结果病情越来越严重，最后只能去医院。

同样地，还有很多患病或术后的猫咪，需要食用容易消化的软食，但是因为猫咪只吃猫粮，这个特殊阶段的营养摄入会有很大的困难。

也有时候，猫咪原来吃的猫粮会断货，这时如何让猫咪接受其他品牌的猫粮也会是一个很大的问题。

多样化食物喂养的优点

　　如果从小对猫咪进行多样化食物喂养，那么喂养长大后的猫咪时，不但可选择的食材范围很广，主人购买起来方便，而且即便主人无法买到原来猫咪吃过的食材，猫咪也很容易接受新的食材。

　　例如我家11岁的猫咪席小小和小花，从1岁开始我给它们从猫粮改喂生骨肉，当时喂的品种不是很多，基本上是鸡胸肉、鸭胸肉、兔肉、带鱼、鲭鱼和小杂鱼这几种，膳食纤维来源也只有猫草一种。从它们10岁开始，因为家里新收养了腊月和小心心这两只小猫，我刻意丰富了猫主子们的食材，增加了很多席小小和小花以前从来没有吃过的品种，例如牛肉、鹿肉、海虾、扇贝、草鱼以及各种蔬菜等，它们都毫无困难地接受了新的食材。而从断奶开始就天天换着吃各种食材的小心心，更是成了家里的"干饭模范"，对于我提供的任何食物都来者不拒，十分好养。

如何让只吃猫粮的猫咪爱上健康饮食

如果在幼猫刚断奶的时候，主人就给它吃各种不同种类的食物，猫咪是非常乐于尝试和接受的。但是，如果在看到这本书的时候，你家的猫主子早已成年，而且它长期吃猫粮，完全不愿意尝试你为它精心准备的任何天然肉食，该怎么办呢？

首先，我们需要有足够的耐心让猫咪去尝试新的食物，而不是见到猫咪不吃就很快放弃。其次，不要采取那种"饥饿换食法"，认为猫咪不吃新的食物只是不够饿，饿上几天自然就会吃了。这样的方法也许会奏效。但是，如果猫咪超过3天不进食，很容易引起脂肪肝，影响猫咪的健康，严重时甚至会有生命危险。

其实，从小吃单一食物的猫咪长大后会拒绝尝试新的食物，不是因为它们觉得新的食物不好吃，而是因为生性警惕的它们觉得新食物的陌生气味可能暗藏危险。以下的一些小技巧可以帮助猫咪尽快接受新的天然健康饮食。

1 尽量选择猫咪熟悉的食材

从猫咪平时习惯吃的猫粮中的肉类成分开始尝试。如果猫咪平时一直吃含鸡肉的猫粮，就先用鸡胸肉尝试换食；如果猫咪平时一直吃含海鱼的猫粮，就先用海鱼尝试换食。

2 将决定权交给猫咪

还有一种"土豪"的方法：将超市里的各种肉类、鱼类都买一点回来，取一小块做样品，每一块样品单独放在一个小碟子里（同一品种的样品生的和熟的分开放在两个小碟子里，视作两种样品），让猫主子一个个闻过去，选择它最感兴趣（开始主动尝试或停留较长时间）的一款尝试换食。

3 由少到多

刚开始换食的时候，不要一下子将猫粮换成新的天然健康食物，而是要由少到多，逐渐替换。

4 先熟悉气味

如果猫咪将猫粮挑出来吃掉，将肉剩下不吃，不要着急，可以每次都在猫粮里放一点点肉，先让它熟悉这个气味。

5 改变喂食制度

虽然饥饿换食法不是好方法，但是，猫咪在比较饥饿的状态下确实更愿意开始尝试新的食物。

如果主人平时都是将猫粮放在食盆里敞开供应，那么在准备换食期间，要定时定量喂，并且要将猫粮的量减少到原来的一半左右，这样能让猫咪有饥饿感，同时还能让主人知道大概什么时间猫咪会感到饥饿。

6 尝试吃第一口

让猫咪尝试吃第一口非常重要。记得我小的时候，对于从未吃过的陌生食物也会本能地拒绝，父亲就会举着勺子苦口婆心劝我"尝一口，不好吃就吐出来"，很多时候，我尝一下就会发现"原来还挺好吃"，然后就开始接受这种新的食物。猫咪也是一样。如果能想办法让它尝试吃第一口，或许之后它就会主动去吃了。

用手喂食　　对于非常信任主人的猫咪，主人可以尝试用手拿着食物放到猫咪嘴巴附近，看看它愿不愿意吃。注意不要将食物直接放到猫咪嘴巴处，那样会让猫咪产生厌恶感。最好将食物放在距离猫咪嘴巴几厘米处，让猫咪能够先闻到食物的气味，然后自己探过头来吃。

演戏　　还可以在喂食的时候假装将一小块肉掉在地上，好奇心强的猫咪有时候会捡起来尝一下。

掩藏　　用手喂食的时候，将一小块肉放在最下面，上面放上猫粮，让猫咪在吃猫粮时"不小心"吃进一口肉。

诱食　　将猫咪喜欢吃的猫粮磨成粉，作为诱食剂，将小肉块在猫粮粉里蘸一下再喂给猫咪吃，或将肉剁成肉泥，拌上猫粮粉喂食（注意：猫粮粉容易粘在牙齿表面，使猫咪更容易有牙结石，所以不要长期这样给猫咪喂食，或喂食之后尽快刷牙）。

我家的三只老猫席小小、小花和踏雪，是在1岁左右开始换食的，之前一直是吃猫粮。刚开始它们也是完全不吃，经过1周左右的耐心尝试后，它们开始吃了"猫生"中的第一顿天然食物——带鱼。后来再给它们添加鸡胸肉、鸭胸肉等肉类，就容易得多了。

还有我的一位朋友家的暹罗猫"腰果"，5岁半之前一直吃猫粮，后来改吃肉。"腰果"主人耐心地用上面的各种方法诱导它吃肉（用猫粮粉诱食的方法就是"腰果"主人发明的），用了16天的时间，终于成功让它爱上了吃肉。用16天的时间来纠正5年半养成的吃猫粮的习惯，其实并不算困难，对吗？为了猫咪的健康，尽量让猫咪少吃猫粮多吃肉吧！

就在这本书快完稿的时候，我碰巧刷到一位宠物医生的视频。视频的大概意思是：如果要给宠物自制饭食，一定要添加各种维生素和矿物质，还不能乱添加，要经过学习才能添加，而商业化宠粮经过科学计算添加了各种维生素和矿物质。言下之意就是，商业化宠粮是科学的，是营养均衡的，没有经过营养学系统学习的宠物主人最好不要自制饭食，否则容易使宠物营养不均衡。

这种观点似乎已经深入人心。有很多宠物主人认为自己不懂营养学知识，无法给自家的宠物做饭。我曾经见到过有的毛孩子已经患有胃炎（很有可能是从小吃干粮导致的），我建议它的主人用生骨肉或熟自制饭食来代替对胃不友好的干粮，但它的主人还是因为担心自己不懂得如何添加维生素和矿物质而不敢放弃干粮喂养。这真的非常令人遗憾。

事实上，维生素和矿物质就存在于各种天然的食材中，如果食谱不是过于单一，食材没有像颗粒猫粮一样经过高温加工，那么一般不会出现维生素和矿物质缺乏的问题。而且，比维生素和矿物质缺乏更严重的其实是维生素或矿物质摄入过量。如果出现了某些维生素或矿物质缺乏的病症，只要针对性地补充就能恢复正常。而如果维生素或矿物

质摄入过量，则会导致更严重的健康问题，例如维生素中毒。

只要让你的爱猫远离各种化学添加剂，食物以肉为主，就不会出现因为饮食不当而导致的大的健康问题。在给猫咪自制饭食时，首先不需要考虑制作多么复杂精美的饭食，而是要考虑能否长期坚持给猫咪自制饭食。我在《狗狗的健康吃出来》一书中创作了30多个食谱，而事实上，我家狗狗经常吃最简单的"鸡胸肉+水煮南瓜"。同样地，在本书中，我也提供了很多猫咪的食谱，而我家猫咪最常吃的是生的鸡胸肉。

希望在阅读完本书之后，你可以充满自信地放弃颗粒猫粮，给猫主子端上各种全肉大餐，让它享受健康快乐的"猫生"。

参考书目

[1] Tom Lonsdale. Raw Meaty Bones Promote Health[M]. Dogwise Publishing, 2001.

[2] Sandie Agar. Small Animal Nutrition[M]. Elsevier Science Health Science div, 2001.

[3] 丁丽敏，夏兆飞. 犬猫营养需要[M]. 北京：中国农业大学出版社，2010.

[4] 杨久仙，刘建胜. 宠物营养与食品[M]. 北京：中国农业出版社，2007.

[5] 王天飞，于卉泉. 猫猫饭食教科书[M]. 北京：人民邮电出版社，2021.